A Study on Management Models of World's Major National Research Institutions

世界主要国立科研机构管理模式研究

胡智慧 王建芳 张秋菊 李 宏 任 真 等○编著

科 学 出 版 社

北 京

图书在版编目(CIP)数据

世界主要国立科研机构管理模式研究 / 胡智慧等编著.—北京：科学出版社，2016. 4

ISBN 978-7-03-047743-9

Ⅰ. ①世… Ⅱ. ①胡… Ⅲ. ①科学研究组织机构-管理模式-研究-世界 Ⅳ. ①G321

中国版本图书馆 CIP 数据核字（2016）第050819号

责任编辑：邹 聪 张翠霞 / 责任校对：蒋 萍
责任印制：赵 博 / 封面设计：有道文化

科学出版社出版
北京东黄城根北街 16 号
邮政编码：100717
http://www.sciencep.com

北京九州迅驰传媒文化有限公司印刷
科学出版社发行 各地新华书店经销
*
2016 年4月第 一 版 开本：787 × 1092 1/16
2024 年5月第八次印刷 印张：12 1/2
字数：300 000

定价：98.00元

（如有印装质量问题，我社负责调换）

编　委　会

主　编　胡智慧

副主编　王建芳　张秋菊

编　委（以姓氏笔画为序）

石　兵　任　真　刘　栋

刘　剑　刘　清　李　宏

李晓轩　肖小溪　汪凌勇

陈晓怡　周长海　黄　群

葛春雷　潘教峰　戴　涛

前　　言

20世纪90年代以来，伴随着以知识为基础的新经济发展和经济全球化的迅速推进，世界格局和国际竞争模式发生了深刻变化，对科技政策和科技管理体制产生了深远影响。从宏观上把握国外科技管理体制的发展趋势，从微观上梳理国外科研机构业务管理的逻辑与方法，对推进我国科研机构业务管理创新非常必要。

当今世界，所有发达国家、新兴国家和发展中国家都有自己的国家科研机构，与研究型大学、企业研发组织共同构成了国家创新体系的研发主体。不同的国家依据不同的科技体制，在科研机构的布局、使命等方面有着不同的设置，在国家创新体系中发挥着不同的作用。国家科研机构也是我国国家创新体系的重要组成部分，是国家的战略科技力量。

国外科研机构往往承担着开展科学研究、培养科技人才和提供科技政策咨询等多方面的使命和职能。科研机构使命和职能的发挥，依赖于机构的特定组织机制和体制，它们是最基本的政策传导机制，决定了机构执行使命和职能的方式方法。重要国家（尤其是科技发达国家及国际组织）的科研机构在组织机制、业务管理等方面积累了丰富的经验，对我国科研机构进行体制机制改革、创新管理有重要的借鉴意义。

在我国，以中国科学院及中央部委直属的科研机构（如中国农业科学院、中国林业科学研究院、中国地质科学研究院、中国医学科学研究院等）为代表的国立科研机构约有400家①。从国立科研机构与高校两大体系研究力量的比较来看，大致各占半壁江山，这与世界一些科技发达国家大致相似。

新中国成立六十多年来，国立科研机构在我国科技领域一直发挥着骨干和主力军的作

① 不包括原国立科研机构中已转制为企业的370多家机构及国防口的科研院所。

用，与大学、企业及其他公共科研机构共同构成国家创新体系的主体。在深化科技体制改革，加快推进建设国家创新体系的宏大事业之中，如何认识我国国立科研机构的地位和作用，如何更好地规划这支队伍，如何提升其管理制度和管理水平，充分发挥其作用，是我国国家创新体系建设的重大课题。

关于国立科研机构管理机制和运作模式方面的研究向来受到科研管理者、科技决策制定者及学者的关注，也有较多的研究和介绍。内容涉及对国外国立科研机构的分类与总结，对美国、德国、日本、法国等主要国家的不同类型国立科研机构的经费配置及管理模式、人员聘用模式、绩效评价与考核等的调研分析，也将国外国立科研机构的运行与管理模式与我国国立科研机构进行了比较，形成了初步的研究结论。然而，该方面的研究仍存在许多亟待补充的内容和亟待解决的问题，主要包括以下三个方面。

首先，由于资料获取等方面的限制，以往的研究更加注重宏观层面的管理模式，缺乏微观层面的更为深入的机构业务管理的剖析；更加关注机构个案的研究，缺乏从整体上的梳理和共性总结。

其次，随着全球经济环境和科技环境的变化，各国在不断调整其科技体制和科技政策，其中对国立科研机构的定位也会发生相应的变化，科研机构本身也在适应科研体制和环境的变化而不断调整、优化自身的业务管理模式。因此，对于国外科研机构的关注要有持续的积累，通过持续跟踪国外科技政策的发展趋势，把握国立科研机构的改革动向及创新的科研活动组织模式和经费管理模式的新特点，以便吸收国际的先进经验，运用科学的研究分析方法，实现我国国立科研机构的管理创新。

最后，以往的研究以介绍为主，对于我国如何借鉴“他山之石”，如何进行科技投入配置和政策设计，如何制定科研课题经费管理的相关政策，如何制定科技评价的标准、规章与制度没有给出明确的建议。因此，需要在跟踪分析的基础上，结合我国科研体制机制改革、科研机构组织改革的切实需求，进行科研机构职能及微观业务管理特点的详细梳理，进而为有关我国科技创新活动组织方式、资源配置等科技管理的相关问题提供借鉴。

2013 年以来，中国科学院实施的“创新 2020”重大战略部署，组织实施了战略性先导科技专项、建设四类研究所、建设区域创新集群、择优支持研究所“创新 2020”等。在此背景下，中国科学院发展规划局策划并在中国科学院文献情报中心成立了“国外国立科研机构业务管理模式研究”课题组，开展了“世界主要国立科研机构业务管理模式”的分析研究，旨在前瞻世界科技发展大势。

本书从国外主要发达国家和新兴国家重要的科研机构的使命与定位分析出发，研究其组织结构、科研体系、经费配置方式、科研评价机制、人事管理制度及管理方式等，进而总结其业务管理和决策体制的特点，力图从业务管理模式、创新人才培养机制和科学思想库建设方面挖掘可供借鉴的实践经验，为我国科研机构优化业务管理体制提供参考。

在研究对象选取方面，本书选择了美国、日本、德国、法国、英国等 8 个主要科技国家，17 个有代表性的科研机构进行了深入调研。涉及的机构类型涵盖了公共研究机构、资助与研究机构、政府咨询机构及研究型大学等，且包括了基础研究、应用研究及特定领域的重要研究机构，以全面了解不同类型、不同功能科研机构的管理体制机制。调研机构如表 0-1 所示。

表 0-1　调研机构列表

研究机构名称	定位
美国能源部国家实验室	能源领域的基础与应用研究
美国国立卫生研究院	面向健康医疗的基础研究、应用研究与科研资助
美国国家科学院	国家思想库
美国洛克菲勒大学	生物医学基础研究
日本理化学研究所	物理、化学与生命科学领域基础研究与应用开发
日本产业技术综合研究所	面向产业技术的基础、应用研究与应用开发
德国马普学会	基础研究
德国弗劳恩霍夫协会	应用研究
德国亥姆霍兹联合会	基础研究与大科学装置
法国国家科研中心	基础研究
英国研究理事会	以基础研究为主，应用研究为辅
英国剑桥大学卡文迪许实验室	基础研究与应用开发
英国皇家学会	思想库与学术资助
俄罗斯科学院	基础研究
韩国高等科学技术研究院	基础研究和应用研究
澳大利亚联邦科工组织	基础研究、应用研究与应用开发
欧洲核子研究中心	基于大装置的物理学基础研究

在研究方法方面，本书注重不同类型机构特点的比较分析。本书将调研的 17 个科研机构按照机构性质划分为三类，即研究机构、研究型大学和咨询机构。对于研究机构，又以研究重点等特点分为以基础研究为主的研究机构、以应用研究为主的研究机构和基于大科学装置的研究机构三组（图 0-1）。对于不同类型的机构，重点关注的内容也各有侧重。对于研究机构，重点研究其科研业务管理模式；对于研究型大学，重点研究培养创新人才的

体制机制；对于咨询机构，重点研究决策咨询活动组织方面的特点，以及咨询选题的提出、设计、执行、传播等机制。

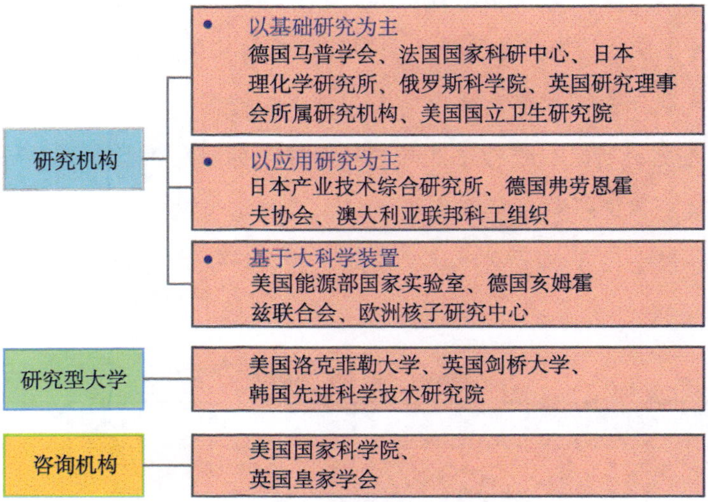

图0-1 调研机构分类

全书共七章。第一章绪论，从理论的角度对国立科研机构的概念、分类、职能、管理等进行了概述；第二章基础研究为主的科研机构，以美国国立卫生研究院、日本理化学研究所、德国马普学会、法国国家科研中心、英国研究理事会及俄罗斯科学院为研究对象进行了业务管理模式的剖析；第三章应用研究为主的科研机构，以日本产业技术综合研究所、德国弗劳恩霍夫协会、澳大利亚联邦科工组织为研究对象进行了业务管理模式的剖析；第四章基于大科学装置的科研机构，以美国能源部国家实验室、德国亥姆霍兹联合会、欧洲核子研究中心为研究对象进行了业务管理模式的剖析；第五章典型机构创新人才培养机制，以美国洛克菲勒大学、英国剑桥大学卡文迪许实验室、韩国高等科学技术研究院为研究对象，剖析了在培养人才方面具有特色的科研机构的业务管理模式；第六章典型机构科技思想库建设机制，分析了美国国家科学院和英国皇家学会的组织与管理机制；第七章总结与启示，在各类机构业务管理模式分析的基础上，进行系统的共性特征总结，并提出对我国科研机构管理的启示。

本书是在长期对这些科研机构进行跟踪研究的基础上形成的，不仅包括了对科研机构基本状况的介绍，还总结了各类机构的微观管理方式和特点，这是本书不同于以往科研机构介绍著作的最大不同之处。

本研究得到中国科学院发展规划局的资助。胡智慧研究员为课题组组长，负责内容体系设计、具体研究工作的组织和终审。本书的撰稿人包括胡智慧、王建芳、张秋菊、任真、李宏、汪凌勇、黄群、陈晓怡、葛春雷、刘栋、刘剑等。全书由胡智慧、王建芳、张秋菊统稿和审核。在研究和文稿形成过程中得到中国科学院科技战略咨询研究院潘教峰院长、刘清副院长、李晓轩研究员，中国科学院发展规划局石兵处长、周长海副处长等的指导，他们提出了宝贵的意见。此外，科学出版社邹聪编辑也对本书的出版提供了耐心细致的帮助，在此一并向他们表示诚挚的谢意！

由于能力及时间关系，本书难免存在不足之处，敬请广大读者和专家批评指正。

胡智慧

2016年1月

目　录

图 目 录

表 目 录

第一章 绪　论

第一节　国立科研机构的类型与职能

国立科研机构（或称政府科研机构、国家科研机构）是指由国家（中央政府）建立并资助的科研机构，包括国家设立的科学院、研究中心、中央政府部门所属的科研院所、国家实验室等。当今世界，所有发达国家、新兴国家和发展中大国都有自己的国立科研机构，这些国立科研机构是各国国家创新体系中重要的战略性科研力量。

国立科研机构主要包括如下三种类型：①国家大型综合性科研机构，是由若干研究所、实验室和研究组等组成的全国性、综合性大型科研机构，以德国、法国、日本、俄罗斯、澳大利亚、加拿大、韩国和中国为代表，表现为科学院、学会、科研中心、联合会等形式；②部门所属的专业性综合科研机构，是指由政府各职能部门所属的科研机构，主要从事某一专业或某一领域的综合性研究，也承担一定的管理和教育职能，以美国、英国为主要代表，表现为国家实验室、研究院所、研究理事会等形式；③其他科研机构，包括由中央和地方政府联合建立的研究所、实验室等，还有各类科研仪器设备中心、实验中心、仪器测试中心、计算中心及科技情报中心等，以实验测试、分析、计算、加工等为基础，既从事科研活动，也为其他政府研究机构、高校、企业和社会各界提供服务[①]。

国立科研机构的基本职能是开展科学研究，主要从事大学自由、分散的研究所不能及的，以及企业在有限期限内由于没有既定的回报而不愿意从事的科学研究。因此，其从事领域一般设置在战略必争领域，这些领域的研究开发具有长远性，以及风险大、技术难度

① 许为民，杨少飞. 发达国家及我国的国立科研机构体制的对比研究. 实验技术与管理，2015，22（1）：120-126.

高等特点，单靠市场机制不能完成，必须由国家集中投资和组织，以保证研究开发的连续性和稳定性，集中体现在：服务国家目标、开展重大前沿研究、建设国家重大创新平台、开展技术转移与技术服务、开展高水平国际科技合作[①]。

归纳起来，国立科研机构承担的主要科研任务包括：①与国家利益和国家安全相关的战略性重大科技问题研究；②企业、高等院校和其他社会组织感到耗资大、风险高，不愿开展或无力开展的基础科学和技术科学，某些高技术、竞争前技术和共用技术的研究；③提高人民生活质量的社会公共、公益领域的科技研究，如医学、农学等；④政府履行职责所需的技术监督、计量标准、质量检测、环境控制等方面的科研。

除开展科学研究之外，集聚优秀人才，培训培养高层次创新人才，也是国立科研机构的重要任务。除了在科研活动中培养人才之外，研究生教育也是科研机构利用科研资源优势、满足自身发展需求、发挥科教融合作用的必然之选。国立科研机构培养人才一般有两种模式：一种是科研机构与大学的联合培养，以俄罗斯科学院和德国马普学会为代表，这些科研机构通常不具备学位授予权，主要承担研究生培养的职责，所培养的研究生须到大学授予学位；另一种是科研机构独立培养模式，以美国的斯克利普斯研究所和中国科学院为代表，这些科学研究机构具有学位授予资格，一般采用“两段式”即集中教学和分散培养相结合的培养方式，在大学之外开辟了新的高等教育渠道，促进了高等教育的多元化发展。

此外，国立科研机构在某种程度上还承担着科技思想库的作用，为政府决策者提供证据和建议以支持决策。这里包括两方面的内容，一方面是科技专家为科技政策提供建议，即“面向科学的政策”，另一方面是为一般的政策提供科学建议，即“面向政策的科学”，这些都是科研机构发挥科技资源优势、服务社会经济发展的重要方面。在各国的科学咨询系统中，学术机构是重要的组成部分，其中包括科研机构和专业协会，如德国政府部门支持下成立的研究机构通常具有重要的科学咨询功能。

第二节　国立科研机构的使命与定位

国立科研机构的使命是与政府的职能联系在一起的，担负着支持政府决策、服务国家社会和经济发展需要、弥补社会科研能力不足、引领科技发展的重要使命。因此，国立

---

① 白春礼. 世界主要国立科研机构概况. 北京：科学出版社，2013.

科研机构更加关注广泛的公共使命，旨在支持经济增长和提升产业生产力，以及开展服务于社会的科技和政策相关的研究。经济合作与发展组织（Organization for Economic Co-operation and Development，OECD）研究显示，各国科研机构的使命和任务还由于科研活动的变化、新的政策挑战和更广泛的经济与政治目标而进行动态调整，其中，应用研究和科研成果扩散是过去几年公共科研机构任务调整中重点关注的领域。

各国的国家创新体系、科研机构构成均有所不同，使得作为国家战略科技力量的国立科研机构的使命和定位乃至从事的科研活动也大不相同。一些机构开展高风险、长周期的基础研究，而有些机构则关注短期的面向市场的研究与开发工作，以及提供问题解决方案和技术援助；一些机构专门开展使命驱动的研究，而另一些机构则开展科研价值链上的各类研究；还有一些机构提供技术服务、教育和培训活动、技术转移，开发新设备或者制定法律或规范，提供重大科学基础设施或设备等①。例如，日本研发独立行政法人机构通过执行其他部门不执行的、需要长期和大规模投资的研发活动，服务于解决政策挑战；德国四大国立科研机构分别有不同的使命定位，马普学会开展服务于一般公众利益的自然科学、生命科学及人文社会科学研究，莱布尼茨学会与大学、企业和政府合作开展需求导向的交叉学科研究，弗劳恩霍夫协会开展直接服务于私人与公共事业或整个社会利益的应用研究，亥姆霍兹联合会则基于大型科研基础设施在能源、地球与环境、健康、关键技术、物质结构等领域开展以解决重大挑战为目标的研究；俄罗斯科学院从事基础和应用研究，目标是通过科研活动与提供科技支持确保政府管理的功能，满足社会需求②。

第三节 国立科研机构的业务管理模式

各国根据不同的宏观科技体制，形成了各有特色的国家科研机构体系，综合发挥执行战略性科研任务、培养科研人才等各项科技相关的使命，形成比较完善的国立科研机构管理体制机制和治理结构。

国立科研机构的管理大致包含如下内容。

---

①② OECD. Public Research Institutions Mapping Sector Trends. http：//dx.doi.org/10.1787/9789264119505-en［2016-1-4］.

一、组织管理模式

科研机构的组织管理模式是其业务运行方式的最直接体现，包括两个层面的内容，一是上级机构对科研机构的管理方式，二是机构内部的治理模式。

在上级机构对科研机构的管理方面，各国由于科研体制的不同而不同，主要分为三种形式，即政府主管部门创建、直接管理，政府创建、院所自主管理，以及政府创建、委托民间管理。以上尽管在组织形式上有所不同，但实际上都是在政府领导之下的[①]。例如，美国的国家实验室管理模式主要有两种，一种是政府拥有、政府运营的 GOGO 模式，另一种是委托给大学或私人企业管理的 GOCO 模式。

机构内部治理方面，包括内部决策机制、组织结构、业务模块的划分方式、科研任务的部署与实施方式等。国外科研机构通常实行理事会决策、监事会监督、院所长负责日常管理的领导体制，如美国能源部国家实验室内部实行主任负责制，主任每年必须向主管部门提交年度报告。关于科研任务的部署与实施方式，有的是按照科研和人员规模进行资源分配，大多则根据任务进行竞争性分配。

二、人力资源建设与管理方式

人力资源建设和管理的机制是科研机构管理的一种表现形式，主要包括两方面内容：一方面是科研机构负责人及机构内业务管理模块负责人的聘任、遴选等机制，体现机构实现其使命、组织科研任务的方式，也从某种程度上反映机构的决策机制；另一方面是科研人员的组织管理方式，体现其人才吸引、激励的机制，以及业务模块的划分及管理机制。由于各国的国情和传统不同，各国国立科研机构的人员管理有不同的模式，不少国家采用国家公务员式的管理制度。

三、科研经费配置方法

国立科研机构的经费大多由政府提供，并且采用财政预算拨款方式，但比重大不相同。对各国科研机构来说，机构性事业费是机构的主要资金来源。美国等国家已摒弃了传统的主要按人员和设备划拨机构性事业费的方式，而采取绩效预算机制，以加强科研机构的绩效责任，提高预算资金的使用效果。但很多国家政府正通过扩大竞争性研究项目资助的方

---

① 韦永诚，杨丽娟，陈元辉. 国内外重点科研机构的现状与发展态势. 世界科技研究与发展，2001，（1）：92-99.

式，强化科研机构的竞争和合作，从而进一步提高政府科研资金的使用效率和公共科研机构的科技生产率。

与机构性事业费资助相比，竞争性研究项目资助突出以价值为导向配置资源，通过引入竞争，不仅提高了资源配置的有效性，而且能降低成本、消除重复、提升效率。此外，竞争性项目资助还有助于确保科研机构的研发活动与国家的优先目标紧密一致，有助于建立以需求为导向的国家创新系统。但竞争性研究项目资助也有缺点，比如因项目的短期性而难以保障对中长期研究活动的资助，不能对人力资本开发和新的研究基础设施提供有效支持，资助的不确定性增加，研究人员申请项目需耗费大量的时间精力而使研究时间减少，等等。

除了整笔拨款性质的机构事业费和竞争性质的研究项目资助，在美国、日本等发达国家，政府还有一项补充性的科研机构资助方式，即自主性研究经费制度。根据这一制度，科研机构每年可以在机构事业费中列支一笔经费，作为可自由支配的资金，支持本机构自主选择的研发项目①。

四、绩效评估机制

绩效评估包括了上级机构对科研机构绩效的评估，以及科研机构对业务模块或任务执行情况的评估，体现完成科研任务、实现既定使命目标、监督执行过程的机制。政府拨款的科研机构往往都要按时接受评估，由政府科技部门下设的权威机构专家鉴定委员会依照评估细则进行。机构内部的评估往往由外部专家组成的评议组进行。

（王建芳 执笔）

① 张义芳. 公立科研机构政府资助新机制：美日经验及启示. 科技管理研究，2009，（5）：116-118.

以基础研究为主的科研机构业务管理模式

第二章

第一节　美国国立卫生研究院

一、美国国立卫生研究院基本概况

美国国立卫生研究院（National Institutes of Health，NIH）隶属于美国卫生与人类服务部，是全球最大的卫生研究与资助管理机构，是美国仅次于国防部的研究与发展（R&D）经费管理者，其研究经费（含基础研究和应用研究，不包括发展）数额在联邦各部门中名列第一。

NIH 同时支持院内和院外研究。1938 年，在马里兰州设立了 NIH 总部后，NIH 的院内研究计划（intramural research program）开始启动，从事研究的是政府的科学家；1946 年，随着战时政府将与各大学、医学院校的医学研究协议转由 NIH 接管，并改为基金形式资助，院外研究计划（extramural research program）也正式启动。

目前，超过 80% 的 NIH 资金用于对院外 2500 多家大学、医学院和其他研究机构的竞争性资助发放①。院外项目通过同行评议的竞争性资助体系实现，倾向于资助自主选题、基础性和自由探索的研究。

NIH 经费的 10% ～ 11%②用作院内研究机构科研经费。院内研究主要支持高风险、高回报、长周期且研究成果较易转移和传播的相关研究领域。对院内研究的支持主要通过确定研究方向和选人来实现，通过对首席研究员（principal investigator，PI）的遴选和提供相

---

①② NIH. Department of Health and Human Services National Institutes of Health：Overall Appropriations. http：//officeofbudget.od.nih.gov/pdfs/FY13/Vol%201%20Tab%202%20-%20Overall%20Appropriations.pdf［2013-2-25］.

对长期的经费和资源，构建稳定的支持环境，让他们免于费时且不确定的基金申请。通过从终身途研究员（tenure-track investigator）到终身研究员（tenure investigator）的制度，鼓励优秀研究人员长期进行重要的、高度创新的研究。

二、美国国立卫生研究院使命与定位

NIH 的使命是“探索生命本质和行为学方面的基础知识，并充分运用这些知识延长人类寿命，以及预防、诊断和治疗各种疾病与残障”。为实现其使命，需重点开展和支持以下方面的研究：关于人类疾病的致病原因、诊断技术、预防措施和治疗方法；关于人类成长与发展的过程；关于环境污染的生物学效应；关于精神病及身体紊乱等方面的探索研究；支持医学健康方面的数据和信息的收集、传播和交流工作等[①]。

三、美国国立卫生研究院组织结构和职能

（一）机构及总部

NIH 目前由 27 个研究所及研究中心（IC）和一个院长办公室（OD）组成。NIH 院长（director）由美国总统提名，经过国会听证批准后由总统亲自任命。院长原则上负责 NIH 所有的学术和管理事务，在规划 NIH 的研究日程和前景方面举足轻重，在带领各研究所实现既定目标、寻求新的发展机遇，尤其是协调各研究所之间的合作关系等方面肩负重任。NIH 设常务副院长，辅佐院长处理 NIH 的日常事务[②]。NIH 设立有院长咨询委员会，为 NIH 院长提供咨询服务（图 2-1）。

院长办公室负责 NIH 政策和规划的实施、管理，协调 27 个 IC 的研究项目和各项活动。院长办公室下辖多个下属办公室（处），其中最重要的有计划办公室、院外研究办公室及院内研究办公室。计划办公室下设妇女保健、艾滋病研究、疾病预防、行为与社会科学研究等处，负责相关研究项目的规划、资助及特殊研究领域的启动等。院外研究办公室负责所有与 NIH 院外研究管理有关的政策制定、组织实施、监督检查及沟通协调等业务。院外研究办公室的业务涉及面非常广泛，包括项目管理、基金管理、项目评审、设施管理、成本核算、财务管理、数据共享等诸多领域。院内研究办公室主要负责监管、协调院内实验室与临床中心开展的研究、培训与技术转移活动。

---

① 白春礼. 世界主要国立科研机构概况. 北京：科学出版社，2013：74-75.

② 王涤松. NIH机构设置和职能定位. http：//www.cqvip.com/Read/Read.aspx?id=32899573［2013-2-25］.

院外研究办公室及各 IC 都设有基金管理官员（grants management officer，GMO）和基金管理专员（grants management specialist，GMS）。GMO 负责与基金管理有关的业务，包括：评估有关申请是否符合相关规定；为申请人和项目负责人提供资讯，帮助解释基金管理相关政策等；决定哪类项目应该获得优先批准，对资助的周期、金额等相关情况进行调整。GMS 协助 GMO 开展基金的日常管理工作。

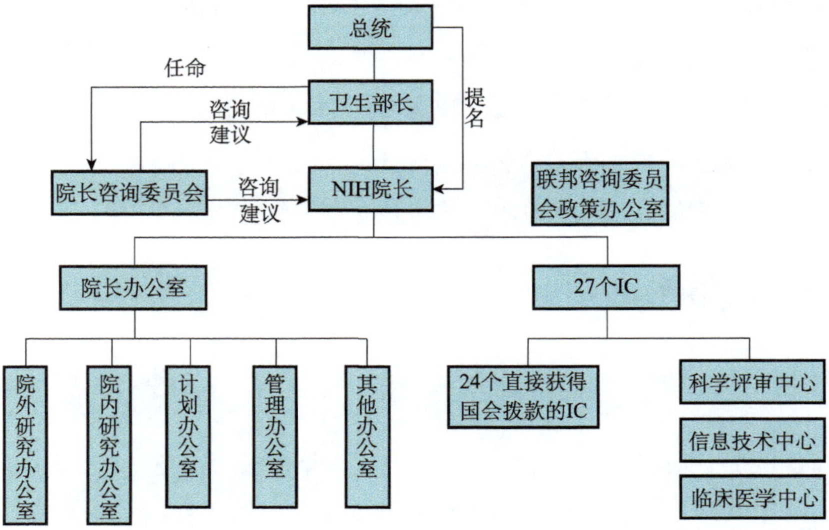

图2-1 NIH组织结构图

NIH 在全院范围共设有 150 多个顾问咨询性质的委员会，包括各研究所国家咨询委员会和科学顾问委员会（BSC），以及院外项目评审的各种评审小组。联邦咨询委员会政策办公室作为这些咨询机构的管理机构，负责相关日常事务与管理工作。

（二）研究所和研究中心

NIH 共拥有 27 个 IC，其中有 24 个 IC 直接接受美国国会拨款，因此它们可在各自领域自主决定优先资助对象和制订预算方案。各 IC 预算不仅包括直接支持下属中心、实验室的经费（以下称自用经费），也包括通过这些研究所对外发放的资助。NIH 年度预算为各 IC 年度预算总和。NIH 院内研究经费为各 IC 自用经费总和（图 2-2）。

研究所所长也是由总统提名，经过国会通过后由总统亲自任命。NIH 每一个研究所都必须得到经费支持是法律规定的，法律也规定了每一个研究所的使命，比如研究某种或某类疾病（如国家癌症研究所），研究人类生活和健康的某个方面（如国家老化研究所和国家少数民族健康与健康水平差别中心），研究某个器官（如国家心、肺、血液研究所），以及研究某个广泛领域内的各种问题和技术（如国家综合医学科学研究所和国家生物医学成像与生物工程研究所）等。

各研究所通过咨询委员会机制为基金外部评审和研究所内部评价与管理提供决策咨询。其中，国家咨询委员会主要负责 NIH 对外发放基金的二级评审工作；科学顾问委员会主要负责研究所内部科研方向、组织结构调整、课题组（实验室）评价等相关重大事务评价与决策咨询，以及审议、批准研究所的自由裁量项目①。

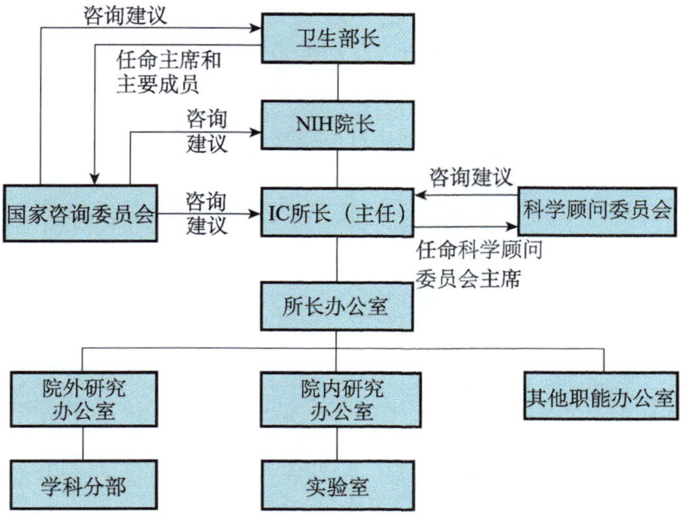

图2-2 NIH研究所组织结构图

不直接获得国会拨款的 3 个机构是：临床医学中心，是 NIH 总部的一个医院 - 实验室联合临床研究中心；科学评审中心，负责申请项目的受理和学术评审工作；信息技术中心，负责 NIH 的信息管理和协调工作。

各 IC 也都设有院外研究办公室，这些办公室在 NIH 院外研究办公室的指导下开展与本所和中心学科领域和项目有关的院外研究管理业务。

IC 的设立与关闭一般需要经过外部评估和专家建议、院长提出和国会决策的过程。

NIH 的 27 个 IC 创建日期如表 2-1② 所示。可以看出，多年来 NIH 针对疾病防治和公共卫生领域需求陆续建立了一批研究所（最新建立的是 2011 年新建的国家转化科学促进中心），从而保证了对这些领域的连续稳定支持。

---

① 自由裁量项目是指各研究所可按规定程序，在参考评审成绩的基础上，在一定比例范围内对某些研究申请给予照顾资助或定向资助。

② NIH. List of NIH Institutes，Centers，and Offices. http：//www. nih. gov/institutes-nih/list-nih-institutes-centers-offices［2012-10-25］.

表 2-1　NIH 的 27 个 IC 及创建时间

IC 名称	英文及缩写	创建年份
国家癌症研究所	National Cancer Institute，NCI	1937
科学评审中心	Center for Scientific Review，CSR	1946
国家心、肺、血液研究所	National Heart， Lung， and Blood Institute，NHLBI	1948
国家眼科研究所	National Eye Institute，NEI	1968
国家人类基因组研究所	National Human Genome Research Institute，NHGRI	1990
国家药物滥用研究所	National Institute on Drug Abuse，NIDA	1974
国家老化研究所	National Institute on Aging，NIA	1974
国家环境卫生科学研究所	National Institute of Environmental Health Sciences，NIEHS	1966
国家酒精滥用与中毒研究所	National Institute on Alcohol Abuse and Alcoholism，NIAAA	1970
国家综合医学科学研究所	National Institute of General Medical Sciences，NIGMS	1963
国家变态反应与感染性疾病研究所	National Institute of Allergy and Infectious Diseases，NIAID	1948
国家精神卫生研究所	National Institute of Mental Health，NIMH	1946
国家关节、肌肉、骨骼及皮肤病研究所	National Institute of Arthritis and Musculoskeletal and Skin Diseases，NIAMS	1986
国家神经病学与卒中研究所	National Institute of Neurological Disorders and Stroke，NINDS	1950
国家儿童健康与人类发育研究所	National Institute of Child Health and Human Development，NICHD	1963
国家护理医学研究所	National Institute of Nursing Research，NINR	1986
国家耳聋与其他交流障碍性疾病研究所	National Institute on Deafness and Other Communication Disorders，NIDCD	1988
国家医学图书馆	National Library of Medicine，NLM	1968 年归属 NIH
国家口腔与颅面研究所	National Institute of Dental and Craniofacial Research，NIDCR	1948
国家转化科学促进中心	National Center for Advancing Translational Sciences，NCATS	2011
John E. Fogarty 国际中心	John E. Fogarty International Center，FIC	1968
国家糖尿病、消化与肾病研究所	National Institute of Diabetes and Digestive and Kidney Diseases，NIDDK	1950
国家补充与替代医学研究中心	National Center for Complementary and Alternative Medicine，NCCAM	1993
国家生物医学成像与生物工程研究所	National Institute for Biomedical Imaging and Bioengineering，NIBI	2000
Warren Grant Magnuson 临床医学中心	Warren Grant Magnuson Clinical Center，CC	1953
信息技术中心	Center for Information Technology，CIT	1964
国家少数民族健康与健康水平差别中心	National Center for Minority Health and Health Disparities，NCMHD	1990

四、美国国立卫生研究院院外研究项目的组织评审

NIH 项目评审流程如图 2-3 所示。

院外研究计划由各 IC 通过以同行评议为手段的竞争性资助体系发放，主要有基金（grants）、合作协议（cooperative agreements，主要资助研究计划和特殊研究中心）和合同

（contracts）三种形式。基金项目、合作协议项目和合同项目的资助申请均由NIH科学评审中心受理。

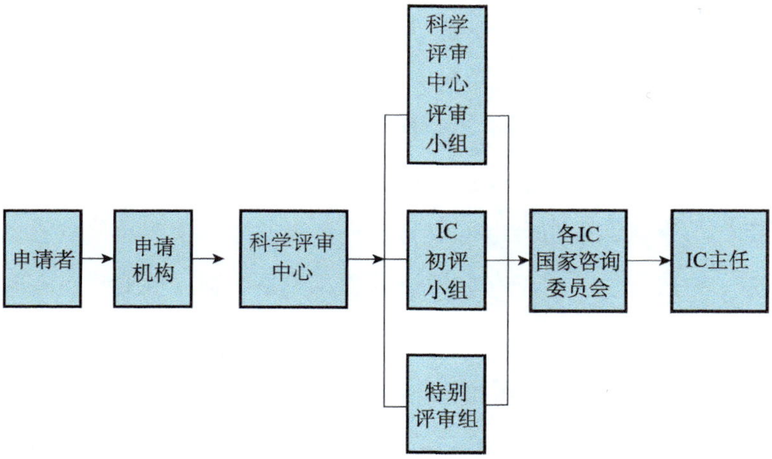

图2-3　NIH项目评审流程图

NIH对申请项目实行两级评审制度。第一级评审为学术性评审，由院层面组织，由学术评审组（scientific review group，SRG）承担，负责对项目的学术价值做出评判。学术评审组由院外科学家组成，成员由NIH主任或主任授权的副主任任命，任期4年，可以再任，但中间至少需间隔一年。在NIH，学术评审组有三种组织形式：①科学评审中心评审小组或审查小组（study section）：由科学评审中心直接组织和管理，根据不同的研究领域划分，一般由12～24名院外科学家组成。②IC初评小组（initial review group）：由各IC组织和管理。③特别评审组（special emphasis panel）：在以下情况下，NIH会成立特别评审组：某项申请的研究内容无法指派给合适的评审组时；某项申请指派给最合适的评审组时会产生利益冲突；一些特殊项目类型的评审，如小企业创新研究基金、博士后基金等。一般来说，科学评审中心评审小组负责占总数70%以上的自由申请项目和研究教育类项目的评审，而各IC的初评小组负责研发合同项目和计划项目（project program）的评审。

学术评审官员（scientific review officer，SRO）在第一级评审过程中发挥重要作用。其职责主要包括组织和管理学术评审组会议、提名学术评审组专家成员、选择项目申请的主审专家、根据有关规定对项目申请进行形式审查、检查申请材料是否齐全等、为上会项目起草会议评审概要综述（summary statements）和学术评审组的意见、在项目评审期间负责与申请人进行沟通等。

第二级评审主要从资助机构的使命、国家政策和公众健康需求等视角对资助申请提出意见和资助建议。评审机构是各IC成立的国家咨询委员会（National Advisory Board/Council）。国家咨询委员会由各IC所长任主席，成员由12名以上的院外科学家和公众代表组成（二者比例一般为 2∶1）。除了国家癌症咨询委员会其成员由总统直接任命外，其他 IC 的国家咨询委员会成员由卫生与人类服务部部长任命，任期一般为 4 年或 6 年，可以再任，但中间必须间隔两年。

评审过程是，在会前 6～8 周，国家咨询委员会成员可以通过 NIH 的委员会电子工作簿系统（NIH Electronic Council Book）查看各项目的概要综述。评审时，如果国家咨询委员会不同意学术评审组的意见，可以推迟该项目的评审，将该项目送原学术评审组或另一评审组重新评审；国家咨询委员会也可以直接提出与学术评审组不同的推荐意见，不过要详细说明其原因。一般来说，由于存在异议的项目只是少数，因此讨论完存在异议的项目后，会议会通过一个总体同意学术评审组意见的决议。评审结束后，各 IC 的项目官员会进一步讨论两级评审的推荐意见，最后由 IC 主任在评审意见基础上做出最后的资助决定。

项目官员（program official/program officer/project officer）在项目层面上具体负责申请和资助项目的管理工作，在整个评审过程和资助后管理中发挥重要作用。其职责包括：根据 NIH 各 IC 的研究领域提出项目需求；与 NIH 科学评审中心及各 IC 的学术评审官员就项目评审进行协调；开展资助后管理，评阅项目负责人提交项目进展报告、到研究场所进行现场检查等。

五、美国国立卫生研究院院内研究管理与评价

NIH 每个研究所设有常设机构科学顾问委员会，其成员是来自世界各地的专家，主要负责院内研究评审，并对研究所的重大决策提供咨询或仲裁。其中包括实验室主任的招聘解雇、组织结构的调整、实验室专家审查团名单（以聘请院外人员为主）的推荐，以及科研方向、资金、实验室和人员的调配等。科学顾问委员会成员每 4 年一任，可以连任一次。

NIH 院内研究采用实验室主管（chief）制度，又称 PI 负责制。一个实验室只有一个 PI，其他人员都由 PI 独立招聘，包括技术员和博士后。PI 采用公开招聘制获得，并定期接受专家审查团的评估，一般 4 年评一次。每个 PI 要写一份厚厚的报告，总结过去 4 年的成绩，提出今后 4 年的工作计划。报告送交专家审查团审查，然后专家审查团对该实验室进行为期两天的访问，该实验室 PI 要对专家们提出的任何问题进行口头答辩，最后由专家审查团写出书面评审报告，并返回被评实验室。评议结果分为 5 个等级，并根据不同等级分别提出建议：增加支持；继续维持；削减资源；两年后复议；最后一等为撤销实验室，该实验室 PI 必须离开 NIH。研究所所长会根据评审报告的建议来决定该实验室今后 4 年的经费预算、人员配置和其他资源的调配（图 2-4）。

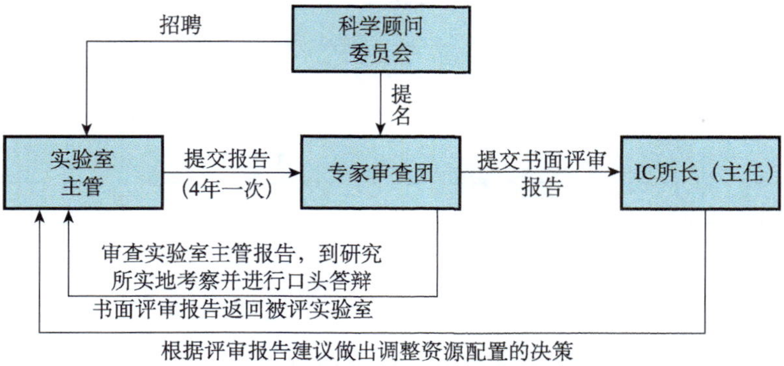

图2-4 NIH实验室评价与资源配置调整

六、美国国立卫生研究院不同研究所的院内外研究经费及比例

由于 NIH 的主要职能是作为全国医学研究的资助机构，因此其经费大部分是用于院外的研究与发展活动，支持在大学、医学院等开展的医学领域的基础和基础应用性研究（包括部分临床与转化研究）。NIH 院属研究所重点针对一些疾病开展目标导向的研发活动，也得到 NIH 一定比例的经费支持。超过 80% 的 NIH 资金用于对院外竞争性资助发放（研究项目、合同研究及研究中心等形式），约 10% 的资金为 NIH 下属中心、部门、实验室自用（10% 的自用经费比例来自对 IC 的综合统计结果）。该比例具体到各个研究所则各不相同，根据研究所的性质而定。例如，2012 财年，国家环境卫生科学研究所预算的 27% 为自用经费，而国家综合医学科学研究所主要是对外资助，自身折合全时研究人员数仅为 11 人，自用经费仅有 280 多万美元，与该所全部经费 24 亿多美元相比几乎可以忽略不计（仅占 1‰ 多一点），见表 2-2。

表 2-2 2012 财年 NIH 各研究所院内经费额及占该所全部经费比例

IC 名称	院内经费(千美元)	全部经费(千美元)	院内 / 全部（%）
NHLBI（心、肺、血液）	190 900	3 147 992	6.1
NCI（癌症）	798 721	5 196 136	15.4
NIDCR（口腔与颅面）	64 632	410 222	15.8
NIDDK（糖尿病、消化与肾病）	179 593	1 944 905	9.2
NINDS（神经病学与卒中）	157 633	1 624 429	9.7
NIAID（变态反应与感染性疾病）	536 010	4 485 097	12
NIGMS（综合医学科学）	2 816	2 427 189	0.1
NICHD（儿童健康与人类发育）	189 510	1 352 189	14
NEI（眼科）	72 960	701 876	10.4
NIEHS（环境卫生科学）	184 771	684 755	27

续表

IC 名称	院内经费（千美元）	全部经费（千美元）	院内 / 全部（%）
NIA（老化）	115 646	1 129 987	10.2
NIAMS（关节、肌肉、骨骼及皮肤病）	54 438	535 148	10.2
NIDCD（耳聋与其他交流障碍）	38 784	426 043	9.1
NIMH（精神卫生）	171 594	1 517 006	11.3
NIDA（药物滥用）	87 858	1 052 114	8.4
NIAAA（酒精滥用与中毒）	48 760	458 972	10.6
NINR（护理医学）	6 678	148 114	4.5
NHGRI（人类基因组）	104 916	512 263	20.5
NINIB（生物医学成像与生物工程）	12 158	337 954	3.6
NCCAM（补充与替代医学）	8 256	127 904	6.5
NCATS（转化科学促进中心）	23 955	574 713	4.2
NCMHD（少数民族健康与健康水平差别中心）	3 845	214 608	1.8
FIC（Fogarty 国际中心）	0	69 539	0
NLM（国家医学图书馆）	299 895	387 153	77.5
OD（院长办公室）	39 540	1 457 381	2.7

资料来源：NIH网站各研究所的年度预算数据，比例为计算所得

七、美国国立卫生研究院的特色

NIH 的主要特色是院所两级设置，且同时支持院外研究与院内研究。这种设置和管理方式有其特有的优势。

一方面，NIH 同时支持院外研究与院内研究。院外研究与院内研究分属两个不同的系统管理，这两个系统虽彼此职能相互独立，人员互不干涉，但相互之间又密切结合。这种结合首先体现在征集申请项目方面，各所的院外项目管理人员结合学科发展前沿和 NIH 各所内部研究方向，发布各类项目征集指南，这些指南对 NIH 院外资助方向起导向作用；其次，院内外研究的结合还表现在院外研究项目的院所两级的评议方式方面；最后，院内研究系统虽然不参与院外科研项目的资助管理，但是必须根据院外研究系统的需要提供相应的技术和服务。

另一方面，NIH 采取院所两级设置方式，以研究所为主要资助单元，同时辅之以院层面的研究计划。各研究所基本按病区病种来设，这种支持方式易于保持资助的稳定性和连续性，且体现了研究直接服务于应用和公共卫生需求。而院层面的计划（如艾滋病研究）对各所未涉及的方向、领域或需要跨所组织运行的研究起到了良好的补充作用。

（汪凌勇 执笔）

第二节　日本理化学研究所

一、日本理化学研究所基本概况

日本理化学研究所（Rikagaku Kenkyusho，RIKEN）始建于1917年。为促进产业发展，开展科学研究与应用研究，RIKEN作为财团法人成立，此后在株式会社、特殊法人、独立行政法人阶段进一步发展，于2015年4月，由独立行政法人机构转变为特定国立研究开发法人机构[①]。其具有服务国家重大和紧迫战略需求、布局于战略必争领域、治理结构有力、运行机制高效、注重协同创新等特征。

RIKEN是文部科学省管辖的从事科学研究的特殊法人研究机构，是一个非常优秀的、充满活力的基础科学研究机构，享有很高的国际声誉。理化学研究所建立以来，经历了恢复与重建、巩固与完善、发展与创新的近100年的历史。目前，总部在东京和光拥有5个研究所、6个研究中心，以及相应的支撑机构。

RIKEN为日本科学研究的正规化发挥了极为重要的作用。1945年4月，理化学研究所的实验室和设施在轰炸中遭到严重破坏；1963年3月，该所迁移至琦玉县和光市，将设备更换一新，陆续建立了40多个实验室，为建设符合现代科学研究要求的实验室和设施付出了极大的努力；1984年，RIKEN在筑波科学城建立了筑波生命科学研究中心；1986年，RIKEN开始实施前沿研究计划，通过发展基础研究来探索面向21世纪科学技术的新学科；1990年，在仙台建立了光动力学研究中心；1993年，在名古屋建立了仿生控制研究中心；2000年，又在横滨启动了三个生命科学研究中心。RIKEN作为日本唯一的一所基础科学研究的综合研究所，拥有重离子加速器、超级高速计算机、世界上最大的同步辐射加速器（SPring-8）、RIKEN生物资源中心等世界上独一无二的研究设施。其研究领域包括物理、化学、生物学、工学、医学、生命科学、材料科学、信息科学等，从基础研究到应用开发十分广泛。开展的尖端科学研究和取得的优秀科学成果已经成为RIKEN的宝贵财富。

2015年RIKEN员工约3462名，其中包括聘任制研究员、客座研究员、博士后及外籍

---

① 日本理化学研究所. 理研について. http：//www.riken.jp/about/history/［2015-5-3］..

研究人员等。政府年度预算经费约900亿日元，约94%来自政府，6%来源于专利及其他经费①。RIKEN由一个研究所逐步发展成为跨地域的大型科研基地的发展模式很有特点，值得研究和借鉴。

二、日本理化学研究所定位与使命

（一）定位

RIKEN提出要做世界的RIKEN，创造科学，为未来社会做出贡献。主要内容包括：①吸引世界上最优秀的人才，连接世界上最高级的智慧。为优秀的科学家们能够共同工作、相互合作，提供最好的研究环境。②为了科学创新和解决全球性问题，齐心协力共同奋斗。集结世界上的科技工作者，通过创造科学来保护我们人类和地球。③面向未来，投资下一代。训练和培育下一代的科技工作者。

（二）使命

RIKEN的使命是把理化学研究所建成世界闻名的基础科学研究机构，同时为社会发展做出重要贡献。因此，根据社会的需求，必须不断开拓新的研究领域，特别要围绕国家目标开展重点领域的研究。因此，RIKEN的使命是：①实施前沿研究领域的自然科学研究，创造出在世界上屈指可数的研究成果；②给科学界建立最好的基础研究设施并提供充分使用这些设施的机会；③设立新的科学技术研究系统和培养年轻的研究人员；④把研究成果还原给社会②。

作为独立法人RIKEN的第一任理事长，野依良治奠定了理化学研究所的发展战略的基础，提出了RIKEN研究方针的五个动议：提高社会认知度的RIKEN、在科学技术史上继续辉煌的RIKEN、充分调动科研人员积极性的RIKEN、对世界和社会发挥作用的RIKEN、对人类文明和文化做出贡献的RIKEN③。

2015年4月1日，日本政府根据国家与时代的需求与变化，修改了研究所立法，将RIKEH定位为特定国立研究开发机构，旨在进一步发挥杰出国立科研机构的战略力量，满足日本经济社会发展需求。把理化学研究所建成世界闻名的基础科学研究机构，同时为社会发展作出重要贡献就是RIKEN的使命④。

---

① 日本理化学研究所．2014理研活动概要．http：//china.riken.jp/riken_campaign.htm［2014-9-16］.

②③ 日本理化学研究所．理化学研究所组织. http：//www.riken.jp/r-world/riken/form/index.html［2013-9-3］.

④ 日本理化学研究所. 理事長挨拶. http：//www.riken.jp/about/president/［2015-12-3］.

三、日本理化学研究所的管理体系

RIKEN是严格依照《独立法人理化学研究所法》设立的，其最高领导是理事长，由日本首相任命，任期4年。理事长主管主任委员会，处理研究所的财务运行和其他重要问题。此外，还有5名理事和2名监事，他们由理事长任命。他们和理事长组成了共有8人的理事会。理事长代表研究所，统管业务；副理事长辅佐理事长管理研究所；理事辅佐理事长及副理事长处理研究所的业务；监事的职责是监察研究所的业务。研究所设有咨询顾问机构，由学术界和工商界的著名人士组成，向理事长提供咨询和建议。

（一）组织结构

RIKEN组织机构在2013年以前，包括和光研究所、筑波研究所、播磨研究所、横滨研究所和神户研究所5个研究所，脑科学综合研究中心、仁科加速器研究中心、生物资源协作研究中心、放射光科学综合研究中心、基因组科学综合研究中心、植物科学研究中心、基因多型研究中心、免疫与过敏科学综合研究中心、发生与再生科学综合研究中心9个研究中心，以及相应支撑机构（图2-5）[①]。各研究所研发活动独立经营。这种以地域来划分研究单元的组织模式一直持续多年（图2-6）。

2013年，RIKEN第3期中期计划淡化了研究单元的地域划分，根据研究领域重组了原有的组织体系。同时，将原来的和光、筑波、播磨、横滨、神户研究所职能扩展为负责本区域各研究单元协调。如图2-7所示，改革后RIKEN淡化了研究单元的地域划分，根据研究领域重组了原有的组织体系。

（二）实行理事会管理制度

RIKEN实行理事会管理制度，设有多个咨询机构，包括研究战略委员会、顾问委员会、科学家委员会等（图2-8）。顾问委员会于1991年设立，以确保RIKEN的研究活动和管理质量。原则上每年举行一次会议（2013年讨论第3期中期计划研究方向和具体措施的重要会议）。其成员共15名，包括物理、化学、工程学、生理学或医学诺贝尔奖获得者、国内外知名学者等。

① 日本理化学研究所. 理化学研究所组织. http：//www. riken. jp/r-world/riken/form/index. html［2007-12-12］.

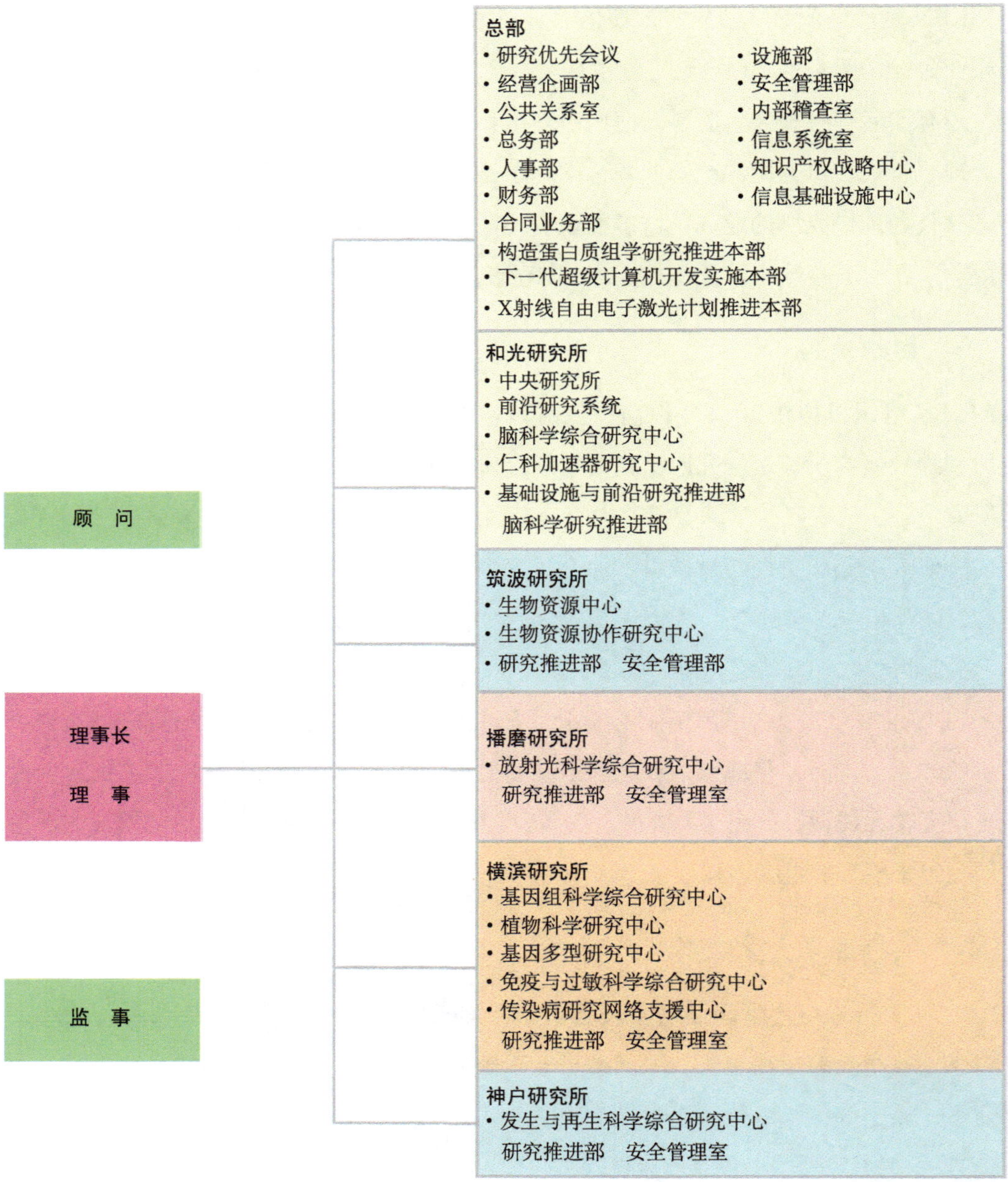

图2-5 2013年前RIKEN的组织结构

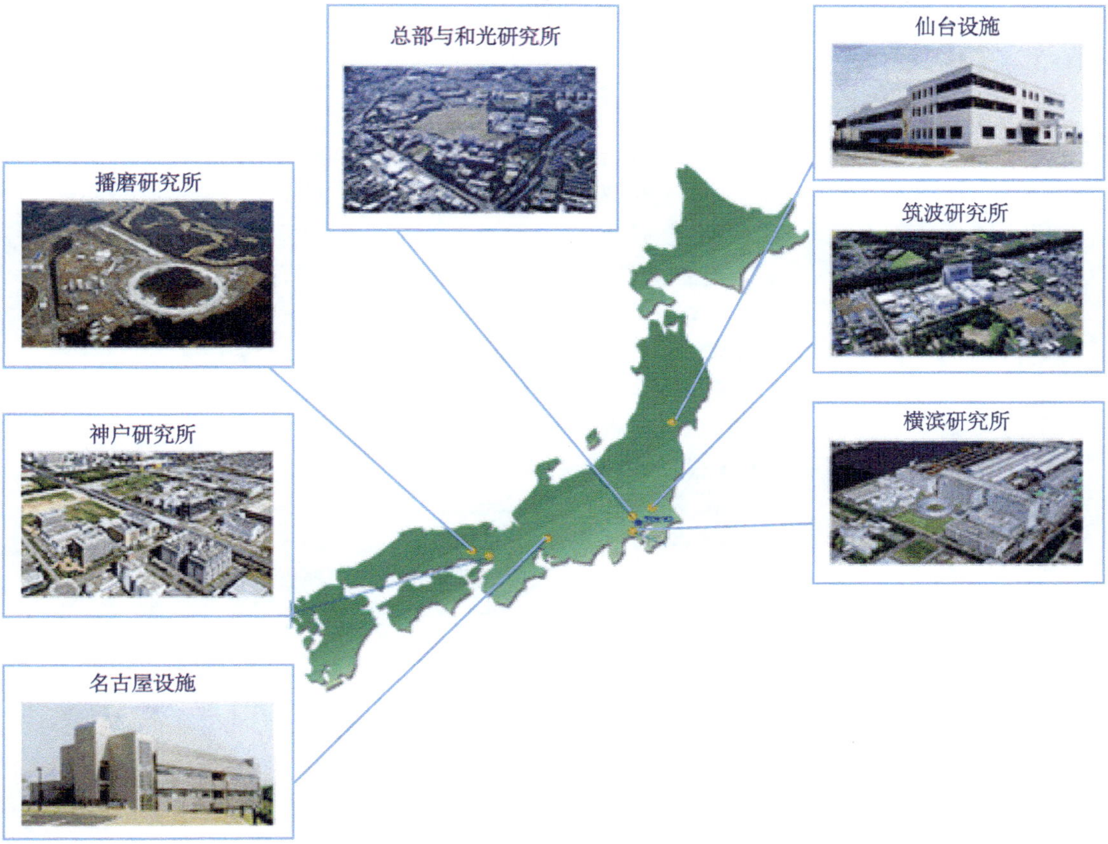

图2-6　RIKEN的机构分布

研究战略委员会于2009年由理事长提议将原来的“研究优先会议”改为研究战略会议。每月举行1次对设定议题进行讨论；一年两次募集战略研究课题，在会议上经过严正的学术评价遴选课题，课题的研究周期为两年；由学会和产业界的学者专家构成（20名）。

科学家委员会于2004年成立，到2012年已召开50次会议。职能是对RIKEN和日本的科学技术提出建议；每月举行一次，对设定议题进行讨论；申请研究项目的提议的会上，对理事长进行答辩；由中心负责人、主任研究员、课题组组长构成（30名，由理事长指定）①。

① 理化学研究所. 理研案内パンフレット. http：//www.riken.jp/～/media/riken/pr/publications/pamphl ets/r-pamph/r-pamph.pdf［2013-12-12］.

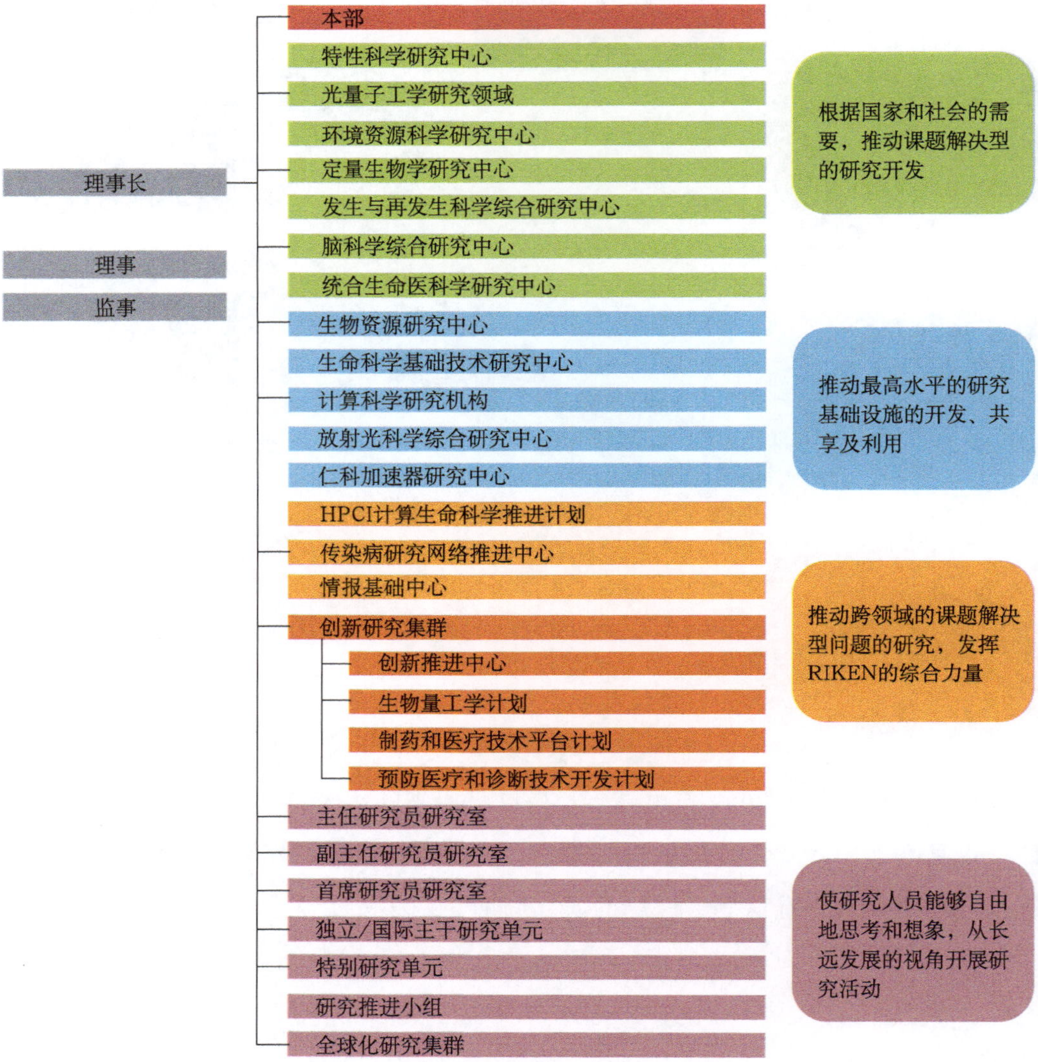

图2-7　2013年后的RIKEN组织结构

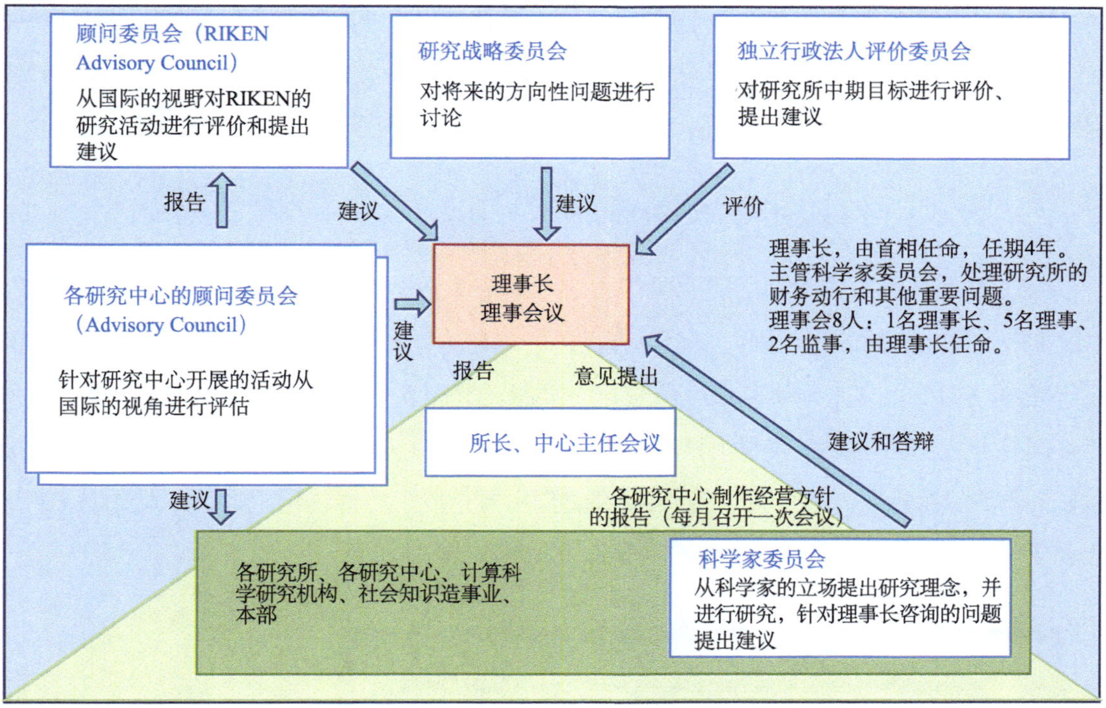

图2-8　理化学研究所决策管理机制

（三）职能部门管理体系设置及职能

RIKEN 管理部门主要有经营计划部、宣传部、总务部、人事部、经理部、合同部、设施部、安全管理部、监察部、信息系统部和知识产权部等，各部门职能如表 2-3 所示。

表 2-3　职能部门管理体系设置

部　门	职　能
经营计划部	研究战略的设立、立项、中期计划、年度计划及预算计划、研究开发评价
宣传部	宣传业务的计划、立项及实施
总务部	事务的调整、各种仪式活动安排、制定各种规章制度、发布信息、福利、国际活动的安排
人事部	人事制度的计划、立项、培训、职员的任免、劳务、工资等
经理部	预算实施计划的制订和执行管理、资金计划、决算报告、各类财务报表的制作
合同部	制订审核物品调配、工作合同、与基建设计及施工有关的合同
设施部	建筑及结构的维修管理，设备的运行、保护和检查
安全管理部	处理有关安全管理、科学伦理的事务
监察部	重要契约的审查、监事监察、财务检查、所内规章制度等的遵守、体制的休整和运行、受理职员等意见
信息系统部	管理部门各种信息的系统化和标准化、管理部门基础系统的维护运行
知识产权部	知识产权的创新和利用、风险投入、专利权、著作权等的权利化、专利权等的实施、制定企业合作研究合同项目

资料来源：理化学研究所. 理研案内パンフレット. http：//www. riken. jp/～/media/riken/pr/publications/pamphl ets/r-pamph/r-pamph.pdf［2015-12-12］.

RIKEN 的管理人员要求具有高水准、能迅速准确地完成业务的能力。管理部门中处长级别以上的管理人员的比例明显高于公务员。近年来，随着事业规模的扩大，管理部门中科长级别以上的职员占到 80% 以上。此外，RIKEN 的职能管理部门还实行三年一次的轮岗制度[①]。

四、日本理化学研究所的研究体系

RIKEN 第 2 期中期计划的研究组织由尖端研究事业、研究基础事业、战略研究事业，以及横跨这三个领域的创新研究中心构成。其中，前三个领域是RIKEN的三个研究群[②]。尖端研究事业主要由“基干研究所”负责，主要指“开拓新领域、推进前沿交叉研究”；研究基础事业主要指“共享和利用世界水平的基础设施”；战略研究事业主要指“根据国家和社会需要的重点研究开发”。而创新研究集群主要是成果转移转化，将研究人员个人知识融合成理化所的知识，为人类做贡献（图 2-9）。

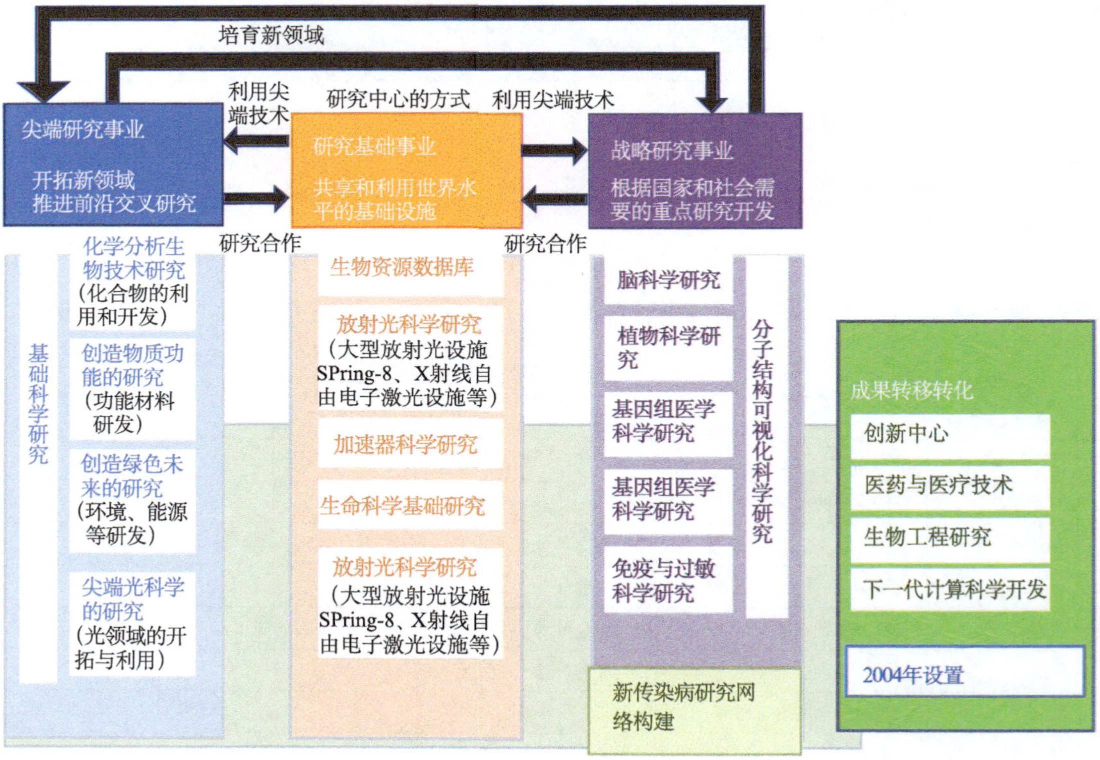

图2-9　2013年前RIKEN的研究体制

---

① 理化学研究所. 理研案内パンフレット. http：//www.riken.jp/～/media/riken/pr/publications/pamphl ets/r-pamph/r-pamph.pdf［2015-12-12］.

② 立山晃. 理研の総合力を発揮する——第3期中期計画スタート. http：//www.riken.jp/pr/publications/news/2013/［2013-12-10］.

在这种研究体制下，RIKEN 在第 2 期中期计划期间（2008 ～ 2012 年）取得了诸多卓越的成就，基本完成了既定的目标。

2013 年，RIKEN 第 3 期中期计划对“基干研究所”进行了大幅度的改革，将其承担的尖端研究事业扩展到整个理化所。因此，当前的研究体系可以分为“根据国家和社会的需要，推动课题解决型的研究开发”“推进最高水平的研究基础设施的开发、共享及利用”“推进产学官合作，为社会做出贡献”三个主要研究模块（图 2-10）。

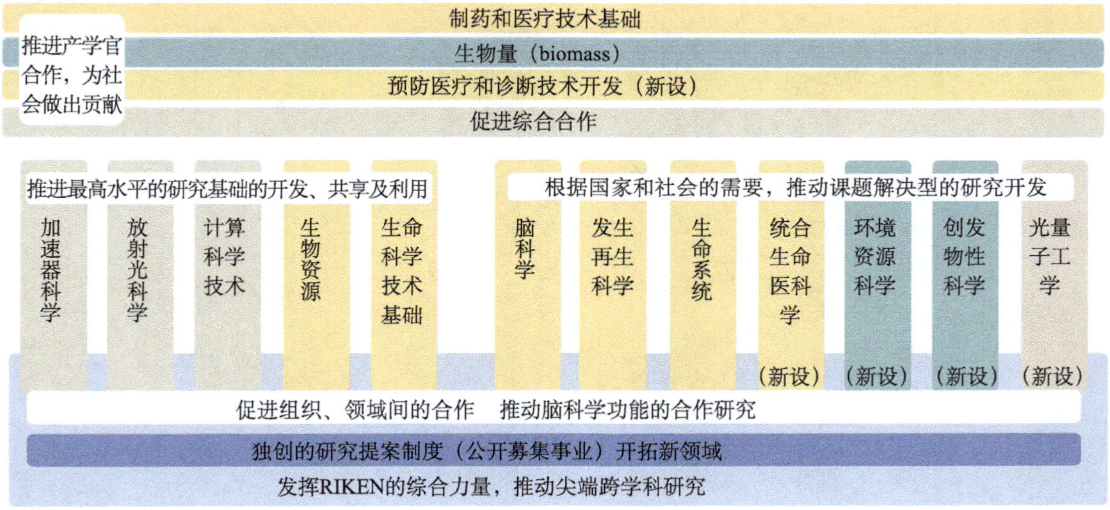

图2-10　RIKEN2013年以后的研究体制

在第 2 期中期计划实施期间，以主任研究员为骨干的“基干研究所”担任了主要的科研任务。另外，2000 年以来在开展战略研究事业的研究所中新设了若干新的研究单元，比如生命科学研究中心等，涌现了一大批优秀研究人员，取得了卓越的成就，使 RIKEN 获得了长足发展。为了使这些新研究人员在开拓新领域的过程中发挥更大作用，需要将“基干研究所”的功能和作用扩大到整个RIKEN①。为此，在第3期中期计划中，对“基干研究所”进行了较大调整：改组“基干研究所”，新成立“创发物性科学研究中心”“环境资源科学研究中心”和“光量子工学研究中心”。改组“植物科学研究中心”，结合原“基干研究所”的一部分成立“环境资源科学研究中心”。

同时，为了响应日本第 4 期科学基本计划“推动绿色革命”“推动生命科学创新”的要求，2013 年 12 月，RIKEN 新成立了若干关于能源和生命科学的研究单元：合并“基因组医学研究中心”和“过敏和免疫科学综合研究中心”，新成立“统合生命科学研究中心”；

① 理化学研究所. RIKEN NEWS，2013. http：//www.riken.jp/pr/publications/news/2013/［2013-12-10］.

合并“基因组科学中心”“系统和结构生物学中心”和“分子成像研究中心”，新成立“生命科学基础研究中心”；新设置“预防医疗和诊断技术开发计划”，见图 2-11[①]。

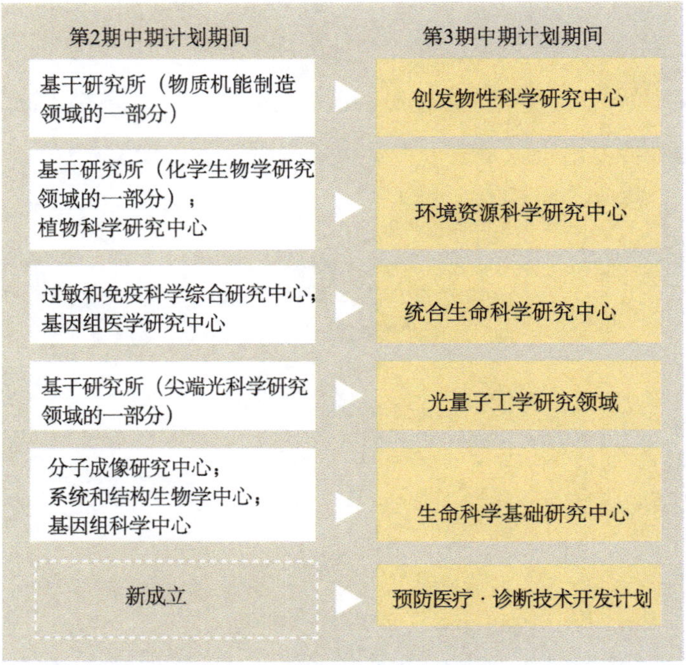

图2-11　2013～2018年中期计划新增和调整的研究单元

五、日本理化学研究所的领域布局与发展重点

RIKEN 研究领域十分广泛，研究设施和装备也非常先进。自 20 世纪 90 年代以来，RIKEN 对生命科学领域的研究与发展表现出了极大的关注和重视，新建立了生命科学研究所和研究中心，旨在围绕日本政府提出的国家目标开展生命科学领域的研究活动。中央研究所下设脑科学研究所、筑波研究所、播磨研究所、横滨研究所、神户研究所。

（一）脑科学研究所

脑科学研究所建立于 1997 年 10 月，目的是从日本及世界各地招聘优秀的神经科学家来该所进行研究和工作，将理化学研究所建设成国际知名的脑科学研究中心。目前主要有 3 个研究领域和 1 个新技术发展中心。3 个领域是：理解大脑；保护大脑；创造大脑。该所现有 31 个独立实验室，分为 12 个研究组，30% 的实验室主任为外国人。该所发展迅速，

① 立山晃. 理研の総合力を発揮する——第3期中期計画スタート. http://www.riken.jp/～/media/riken/pr/publications/news/2013/rn201304.pdf［2013-12-10］.

已成为世界知名的脑科学研究中心之一[①]。

该研究中心采用了任期制来聘任研究人员，根据其业绩与能力决定年薪。现在中心的研究人员与技术人员超过 300 名，全部采用聘任制。研究人员的平均年龄为 35 岁，是一个富有创造性的研究团队。各研究室或组的负责人最近经过了考评，评价的结果表明，在任的各位主任及组长再任的可能性很大。各研究室在严格与公正的评价制度下更有利于提高国际竞争力和该中心的研究与发展。

脑科学研究中心积极采用开放型国际化的研究体制，目前 BSI 约有 60 名外国研究员（包括 20 个国家），其中研究组组长 5 人。因为这种状况，在会话、研讨及会议等场合英语成了公共用语。中心是以标准的研究小组负责人、研究员、技术人员、助手组成。一个小组 10 人左右。组长及研究员是聘任制。优秀的研究人员通过学术委员会审查、评价后决定其聘任期年限。技术人员和助手任期没有期限[②]。

（二）筑波研究所

筑波研究所的前身是生命科学筑波研究中心，建立于 1984 年 10 月，成立该中心的直接因素是为了推动 DNA 重组技术的研究。2000 年改名为现在的筑波研究所。2001 年设置了生物资源中心。目前，该所主要由研究管理部、安全中心和生物资源中心三个部门组成。生物资源中心有两大任务，一是形成一个巨大的资源储存库为日本提供服务；二是根据基因组的大量信息，对有重要功能的基因制备转基因小鼠（包括基因剔除和过度表达）进行研究。该中心下设 6 个部门：实验动物部、实验植物部、细胞工程部、基因工程部、生物资源信息部和生物资源工程部[③]。

（三）播磨研究所

播磨研究所于 1997 年 10 月建立。主要由研究推进部、研究技术开发室、放射光利用研究室等 5 个部门组成。该所下设 10 个实验室，即生物物理研究室、生物化学研究室、理论生物学研究室、生物体物理化学研究室、细胞信息研究室、干涉光学研究室、X 射线超放射物理学研究室、放射光物性研究室、电子光束研究室和研究技术开发室。该研究所主要进行生物学研究，解析蛋白质的构造。为了开拓新的研究领域，该所还开展 X 射线的发

---

① 日本理化学研究所. 脳科学総合研究センター . http：//www. riken. jp/～/media/riken/about/organization/bsi-j-20150501. pdf［2015-5-1］.

② 日本理化学研究所. 脳科学総合研究センター. http：//www. riken. jp/～/media/riken/about/organization/bsi-j-20150501. pdf［2015-5-1］.

③ 日本理化学研究所. ライフサイエンス筑波研究センター. http：//www. riken. jp/about/history/#anchor3［2014-3-12］.

生与利用技术的物理科学研究。和日本原子能研究所共同建设的大型放射光设施 SPring-8 在播磨，是目前世界上最大的电子加速能源（8GeV）①。

（四）横滨研究所

横滨研究所于 2000 年 4 月建立。该所由 4 个研究中心组成：基因组科学研究中心、植物科学研究中心、遗传因子多样性研究中心、免疫与过敏症科学综合研究中心。基因组科学中心主要进行从分子水平上，系统地、组合地研究生命的基本结构——基因、基因组、蛋白质的结构和功能的研究。该所的研究目标还涉及如智力特殊方面的研究内容，并力图为疾病的防治、环保等方面的发展提供一个强有力的平台②。

1. 基因组科学研究中心

日本文部科学省 2001 年 4 月启动了一项名为“蛋白质 3000”的大型研究计划，该计划的目标是争取 5 年之内解析 3000 种蛋白质的结构与功能并尽可能多地获得此项研究的专利。基因组科学研究中心承担了其主要实施任务，所获专利将集中于大阪蛋白质研究所。为了加快解析步伐，基因组科学研究中心用于解析蛋白质结构的磁共振装置，将从现有的 20 台增加至 40 台③。

2. 遗传因子多样性研究中心

该中心是为了阐明人类疾病的遗传基因 SNP 体系，明确 SNP 遗传基因对功能的影响和预测疾病患者对药剂的承受能力而设置的。基因组科学研究包括五个领域，即痴呆症、癌症、糖尿病、高血压和药剂反应。

同一种生物，即使有相同的遗传基因，也会因各异的碱基配对而不同。因此，该中心准备对上千人的遗传基因进行调查和研究，目的是确立和疾病相适应的预防、治疗手段。

“遗传基因综合解析”是理化学研究所和东京大学医学研究所共同研究的项目。该项目拟定了 4 个研究课题，研究时间原则上为 3 年。具体研究内容有：心肌梗死疾病相关的遗传基因研究；慢性关节风湿病相关的遗传基因研究；变形关节疾病相关的遗传基因研究；遗传基因和功能研究。该中心定员为 56 名，组成 6 个研究小组。

3. 植物科学研究中心

植物科学研究中心是为了培养和开发高性能水稻研究而设立的。研究内容包括：植物遗传基因研究；形态形成研究；植物功能研究；环境植物研究。根据以上的研究内容，

---

① 日本理化学研究所. 播磨研究所（兵庫県佐用郡）発足. http：//www.riken.jp/about/history/#anchor3［2014-5-6］.

② 日本理化学研究所. 横浜研究所発足. http：//www.riken.jp/about/history/#anchor3［2014-5-8］.

③ 日本理化学研究所. ゲノム科学総合研究センター開設. http：//www.riken.jp/about/history/#anchor3［2013-6-10］.

该研究中心组织了 8 个研究小组，组长主要由 35 岁左右的青年研究员担任。该中心定员 64 名①。

4. 免疫与过敏症科学综合研究中心

免疫与过敏症科学综合研究中心的研究内容包括：理解型免疫领域，主要对免疫病患症状、过敏症状、心脏移植等的基本原理进行研究；创造型免疫领域，主要是阐明骨髓干细胞等复杂的免疫系统；防治型免疫领域，主要是以阐明免疫系统引起异常的形成结构、遏制病情发展为目标②。

（五）神户研究所

神户研究所于 2002 年 4 月建立。主要是开展发生生物学领域的基础研究。研究领域有三个方面：发生领域、再生领域和医疗的应用研究领域。

发生生物学、再生医学综合研究中心设在该所。该中心主要是进行器官再生等应用医学和发生生物学的基础研究，其成果广泛用于应用领域。旨在瞄准生物学今后 10 ～ 20 年的发展方向，利用克隆技术、创新技术和人类基因组科学计划等最尖端的遗传基因和蛋白质信息，明确人类个体高层次构造和复杂细胞的机理。

发生生物学、再生医学综合研究中心的研究体制，概括地说是实施两大计划：一是核心计划；二是创造性研究计划。“核心计划”主要是根据该中心的研究目的和目标，确定研究的主攻方向，具体内容包括：干细胞研究；细胞、器官分化研究；人体胚胎研究；个体高层次构造研究；非对称细胞分裂研究；形态形成信号研究；进化发生学、基因组发生学等的研究。“创造性研究计划”主要是尊重青年研究人员学术自主，促进开展独创性的研究工作，起用高水平的研究人员③。

2013 年以后，RIKEN 重新审视研究方向，确定研究重点。根据日本科技发展的国家目标及世界科技发展趋势，RIKEN 进行了加强生命科学及交叉领域为重点的科技布局调整，特别加强了在基因科学、结构生物学、生物仿真控制、发生生物学、脑科学等领域的研究。

RIKEN 正在进行的日本国家级大型重点研究开发项目有：世界最快速超级计算机的开发、X 射线自由电子激光光源、分子结构可视化研究、万亿赫兹光频研究、蛋白质解析基础技术开发等。

大型科学工程项目包括：国际人类基因组工程 5% 基因分析；在“蛋白质 3000”国家

---

① 日本理化学研究所. 植物科学研究センター開設. http：//www.riken.jp/about/history/#anchor3［2014-7-12］.

② 日本理化学研究所. 免疫. アレルギー科学総合研究センター開設. http：//www.riken.jp/about/history/#anchor3［2014-10-28］.

③ 日本理化学研究所. 神戸研究所発足. http：//www.riken.jp/about/history/#anchor3［2014-8-20］.

项目中，RIKEN 承担 2500 种蛋白质结构与功能分析；日本生物银行中 30 万人的 DNA 和血清的 SNP 解析；跟国立医院合作，花粉病、风湿性关节炎等疾病的疫苗开发和治疗研究；跟多所大学合作，将人体细胞核转基因操作后植入人体干细胞的再生医疗研究①。

六、日本理化学研究所人员管理制度

（一）主任研究员制度

主任研究员制度是 RIKEN 最早采用的研究制度。在竞争的环境下，按照自由的研究设想，进行萌芽性、前瞻性研究。各研究室的负责人被称为“主任研究员”。主任研究员的定位类似于日本国立大学的教授，实行终身雇佣制。对中央研究所的主任研究员采用终身雇佣制是与基础研究的科研特点相关的。由于基础研究为萌芽性、前瞻性研究，因此保证科研人员的自由研究方向并给予其一个相对稳定的研究环境就显得非常重要。

随着 RIKEN 的发展，一些新的领域出现了大批优秀研究人员。为鼓励这些新生力量，理化学研究所将原来从事战略研究的优秀“任期制”研究人员任命为新的主任研究员，研究所正在考虑修改合作契约，将这部分人的工作时限延长至 60 ～ 65 岁。另外，RIKEN 科学家委员会也将吸纳这些“任期制”主任研究员②。

（二）科研人员聘任制度

RIKEN 内是最早采用任期制的。研究人员都与 RIKEN 签有或长或短的雇佣合同（多为 3 年），研究人员中还有相当一部分来自海外，也是中国科研人员较为集中的地方。这里的研究内容多属更新较快，且较易产业化的高技术领域。因此，尽量多吸引国内外的优秀人才，特别是优秀的青年科学家，保持研究队伍的年轻化和流动性就显得非常重要。但任期制要求每年考核一次，这会使一些优秀人员难以在异端必要的时期内相对稳定下来。针对这一问题，RIKEN 根据 2004 年 1 月修改的劳动基本法，实施了长期聘任（Long-Term Principal Investigator）制度③，原则上将任期制延长期限为5年，5年后根据评估的结果决定是否继续签订合约。

---

① 日本理化学研究所. 理研活动概要. http：//www. riken. org. cn/riken_campaign. htm［2008-8-29］.

② 立山晃. 理研の総合力を発揮する——第3期中期計画スタート. http：//www. rik en. jp/～/media/riken/pr/publications/news/2013/rn201304. pdf［2013-12-10］.

③ 日本理化学研究所. 国際フロンティア研究システムをフロンティア研究システムに改称. http：//www. riken. jp/about/history/［2013-10-14］.

（三）青年科学家培养制度

RIKEN 培养、吸引年轻科研人员的制度分为以下三类。所需资金从文部科学省划拨的年度预算中支出。RIKEN 每年通过各大学、研究机构和互联网向外界募集年轻科研人员，应募者常达到聘用名额的 3 ～ 10 倍，候选人要通过专门选考委员会的书面审查和面试。有关人事制度采用任期制，聘用合同每年一签。

（1）初级研究助理制度。设立于 1996 年，录用对象为不满 30 岁的在读博士研究生。被录取后，可一边攻读博士课程，一边在 RIKEN 主任研究员的指导下从事兼职的相关课题研究[①]。

（2）基础科学特别研究员制度。设立于 1989 年，该制度重视年轻科研人员的个人资质和富有创见性的思想，目的是使其在自由自主地研究环境下，进行有关课题的研究。招收对象为不满 35 岁的拥有博士学位的年轻学者。在研究过程中，会由高级研究人员对其工作提供建议。初期的很多基础科学特别研究员现多已成为各大学的教授[②]。

（3）独立主干研究员制度。创立于 2001 年，录用对象为不满 40 岁，RIKEN 独立主干研究员领导并负责的研究组来进行具有独创性的研究工作。通过这一过程，独立主干研究员自身的研究水平也能得到提高[③]。

（四）名誉研究员制度

该项目的前身是 1994 年开始的杰出科学家项目。主要是面向海外杰出科学家（包括在海外的日本人），对招聘对象的要求是具有 RIKEN 主任研究员同等以上的研究能力和成绩[④]。其中，还将招聘对象细化为诺贝尔奖得主或同等水平的科学家；世界知名的、能为 RIKEN 提供帮助或建议的科学家；世界比较知名，以进行合作研究为目的的科学家。目的是提高 RIKEN 的科研水平和提高 RIKEN 的国际化程度。

（五）客座研究员制度

客座主管研究员负责 RIKEN 某个基础研究课题的一部分研究工作，要求具备主任研究员同等的研究水平和管理水平。因此审核过程严格，由 RIKEN 运营协议会和中央研究所所长对候选人进行资格审查，通过后报主任研究员委员会批准[⑤]。

---

① 日本理化学研究所. 大学院生リサーチアソシエイト. http：//www.riken.jp/about/facts/［2001-3-25］.
② 日本理化学研究所. 基礎科学特別研究員制度発足. http：//www.riken.jp/about/history/［2000-10-14］.
③ 日本理化学研究所. 国際主幹研究ユニット. 特別研究ユニット. http：//www.riken.jp/about/organization/［2001-10-14］.
④ 日本理化学研究所. 国際特別研究員制度. http：//www.riken.jp/about/organization/［2000-8-14］.
⑤ 日本理化学研究所. 上席研究員. http：//www.riken.jp/about/facts/［2010-4-1］.

客座研究员参加 RIKEN 与其原单位合作研究课题及其他有关课题的研究工作，要求具有与 RIKEN 资深研究人员同等以上的研究水平。此外，还要具有对研究工作提出建议、发现研究工作中存在的问题、指导其他研究人员工作的能力。

共同研究员要求具有较高研究水平，对自己的具体研究工作负责。审核工作由研究人事委员会进行。

访问研究员要求具备两个条件：一是已经获得有关公立机构（JSPS、JST）等科研资金的支持；二是所进行的课题缺乏研究场地，需要使用 RIKEN 的科研设备和实验室。

（六）合作培养研究生制度

RIKEN 与大学研究生院建立了合作培养研究生制度。合作形式是接收有合作关系的大学的研究生，让其参加 RIKEN 有关研究室的课题研究[①]。2010~2015 年，RIKEN 共培养 5000 多名研究生。

七、日本理化学研究所合作研究制度

“融合协作研究制度”于2004年开始实施[②]。此外，为将基因组科学综合研究中心等研发的“蛋白质 3000”项目成果尽早转化到研发制药企业，于 2003 年 9 月末开始实施“伙伴制度”。在神户医疗产业都市构想中，发育与再生科学综合研究中心被给予了应创造出可运用于临床应用的基础认知的机构的地位。免疫与过敏科学综合研究中心引入把研究成果战略化推进到临床应用研究的组织制度。为加强花粉症、风湿病为代表克服免疫、过敏疾患相关的基础研究与临床研究相结合，于2004年3月与国立相模原医院间签订了合作协议。2013 年理化学研究制定的第 3 期中期计划更进一步重视“开展跨领域、跨学科、跨研究单元的研究，发挥综合力量”。目前，理化学研究所新设计了两种跨单元的合作研究制度：为推动脑科学功能研究的合作研究制度；为开拓新的研究领域的独创性研究提案制度[③]。今后为进一步推进在医疗领域的应用，期待能够通过包括医疗行政中具有预见性的应对在内、临床及制药企业等几个方面引导出研究成果。

2013 年 9 月，RIKEN 通过了第 2 期中期计划的评估，评估报告指出 RIKEN 在承担国家与社会战略需求、战略性重点研发及基础研究、基础设施共享等使命方面发挥了显著成

---

① 日本理化学研究所. 大学院生リサーチアソシエイト. http：//www.riken.jp/about/facts/［2010-4-1］.

② 日本理化学研究所. 研究. 技術協力パンフレット. http：//www.riken.jp/research/labs/rci//［2008-6-10］.

③ 立山晃. 理研の総合力を発揮する——第3期中期計画スタート. http：//www.riken.jp/～/media/riken/pr/publications/news/2013/rn201304.pdf［2013-12-10］.

效，同时提出了今后发展方向，包括进一步发挥基干研究所开拓新领域的作用，明确医疗、制造等重点研究领域，推进长期的、多角度的基础研究等[①]。根据文部科学省提出的“推动能带来范式转变的创造性、挑战性尖端科学研究”的要求，RIKEN 在 2013 ～ 2017 年第 3 期中期计划中提出了发挥“综合力量”的行动计划，并通过科研机制和组织体系的调整以贯彻这一思想，期待实现科研质量和管理水平的提高。

（胡智慧 执笔）

第三节　德国马普学会

一、德国马普学会基本概况

马普学会（Max Planck Institute，MPI）是世界上独一无二的基础研究机构。马普学会致力于自然科学、生物科学、人文与社会科学领域的基础研究。马普学会的工作具有极大的创造性，基础研究宽泛，所有专业机构的自治科学研究如此多地集中在一起，从而形成由这些自治单元组成的一个联合集团，同时拥有如此良好的跨学科氛围并能够极富建设性地向公众介绍自然科学与社会科学方面的知识。

在建立的 60 年时间里，马普学会仅诺贝尔奖获得者就达 17 人，在国际引文排名中仅排在哈佛大学之后而高居第二位。它成功的关键就在于拥有一套能有力地保证研究质量且运作良好的决策与监督评估机制。

截至 2015 年 1 月 1 日，马普学会共有 83 个研究所，其中有 5 个研究所和 1 个分支机构在国外。雇员人数为 22 002 人，其中研究人员 11 713 人。研究人员中约有 7000 人为青年科研后备力量，包括硕士生、博士生和博士后[②]。

二、德国马普学会使命与定位

马普学会以“为大众服务和弥补大学研究的不足”为宗旨，主要从事基础研究，力求其自然科学、生命科学、社会与人文科学领域的研究活动达到国际最高水平。

马普学会通过创办研究所和开展课题研究来促进科学进步和经济进步。因此，确定了

① 日本理化学研究所. 理化学研究所における評価の実施について. http：//www.riken.jp/about/reports/evaluation/［2013-10-18］.

② MPG. Zahlen und Fakten. http：//www.mpg.de/zahlen_fakten［2015-12-2］.

开展科学研究的四项原则：①以重要的研究人员为中心建立研究所，并为这些研究人员提供尽可能完善和优越的工作条件，使其不受干扰而专心从事研究工作；②优先照顾新发展的研究领域，尤其是高等院校尚无法容纳或难以提供研究场所的研究项目；③建立高等院校无力营建更无法维持的那些新的、耗资巨大的研究所；④扭转德国忽视人文科学和社会科学研究的倾向。

在德国的机构式研究资助体系中，马普学会定位于既定的重点尖端研究和弥补德国，特别是大学，“研究空白”的任务：①发挥研究组织作用。为研究人员提供基础研究和应用性基础研究重要的、孕育未来的、具有国际竞争性研究领域的良好工作环境和条件。②发挥创新与催化剂作用。开辟新的研究领域，以及尚未成熟的边缘学科，通过发挥跨学科组织才有望成功探索的研究领域。③发挥补充与支持作用。与其他科学组织“共享大型仪器”。

马普学会的使命和定位，不仅使马普学会得以避免一般性研究，而且也得以避免与高等院校和其他研究机构发生重复研究或者研究冲突，并使之得以形成自身的文化传统和与众不同的鲜明特色。

三、德国马普学会组织管理机制

马普学会章程规定的管理机构有：主席、评议会、执行委员会、全体成员大会和学术委员会与其学部（图 2-12）。

学会新章程授予学会主席广泛的权力，负责学会的科学政策，并作为所有其余委员会的主席，对学会的发展有着决定性的影响。这就使之得以把握学会的命运。

（一）决策与管理机制

马普学会成功的秘诀是建立了一套严格的组织结构与其决策和管理机制，各管理部门之间形成了一种既相互支持又互相制约的关系（图 2-13）。执行委员会通过主席监督管理总部；秘书长领导管理总部；科学委员会通常每年讨论一次对学会发展具有重要意义的事情，以这样的方式商讨主席的决策，并向评议会或学部说出自己的建议。

马普学会专业咨询委员会约有 750 名委员，他们主要来自世界重点大学和研究机构，分布在 3 个学部里。有 300 多位专家每年参与专业咨询委员会的评估工作多达 40 余次。这些来到马普学会既忙碌又非常“抢手”的科学家，总要用若干天的时间去总体了解马普学会，作为一项义务他们的评估工作是尽职尽责的，同时，他们的评估也为马普学会及其研究所在国际研究基地中所享有的杰出声誉做出了贡献。

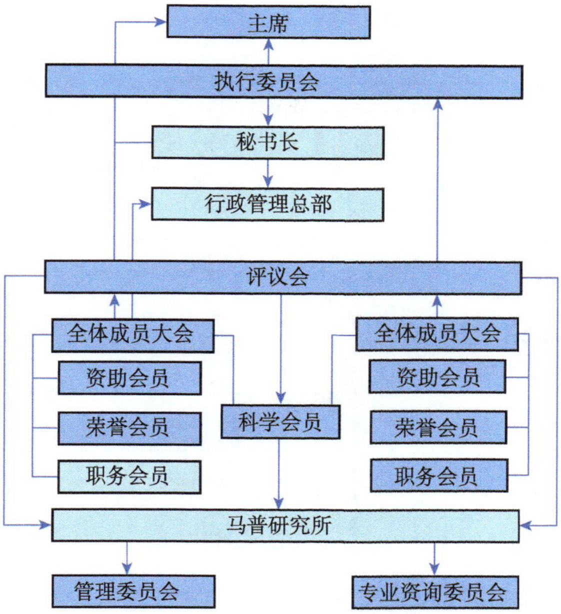

图2-12　马普学会组织结构示意图①

选择专业咨询委员会成员是主席的责任，而他的邀请则通常建立在专业主管副主席建议的基础之上。这些副主席就每个要配备的委员席位从研究所——当然拥有其研究领域有关专家的最丰富的知识——得到更多的建议，但副主席并没有直接提名的义务；此外，他们还要征求其他委员会的意见，以便为主席制定一张推荐名单。

专业咨询委员会委员是由马普学会主席任命的，任职期限最长为 6 年。每 3 年都要对部分成员进行重新任命，这一循环交流程序使得每届专业咨询委员会均由新、老成员共同组成。

（二）行政管理总部组织结构及其职责

马普学会在柏林有法律身份，在那儿维系着柏林办公室，但它的核心点在慕尼黑，行政管理总部就坐落在这里。该管理总部执行本学会当前的事务工作，其职员支持和照管行动广泛自治的马普研究所，而这些研究所有各自的行政管理单元和确保研究所发展的框架条件。

管理总部主要雇佣法律研究者、行政管理专家，以及既有自然科学又有人文科学专业背景的毕业生，分配在人事、财政、信息与通信技术、建筑、采购、科研政策和对外关系，以及新闻与公共关系等范围，执行委员会通过主席对管理总部进行监督。行政管理总部的

① MPG. Organisationsstruktur der Max-Planck-Gesellschaft. http：//www.mpg.de/246428/Organigramm［2015-12-11］.

领导、机关部门和初级层面的组织结构见图 2-14。

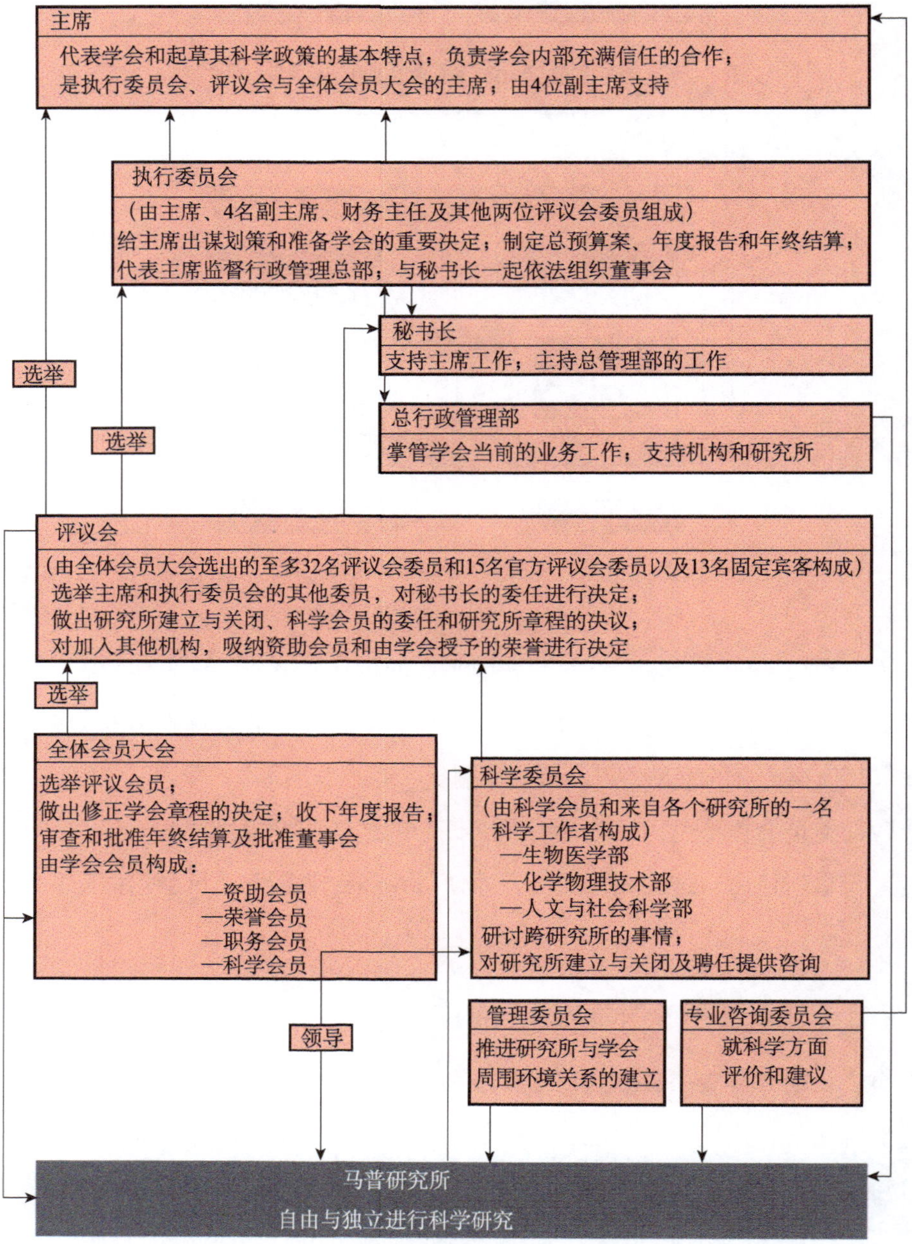

图2-13 马普学会的决策与管理机制①

---

① MPG. Jahresbericht 2014. http：//www.mpg.de/9268834/jahresbericht-2014.pdf［2015-12-11］..

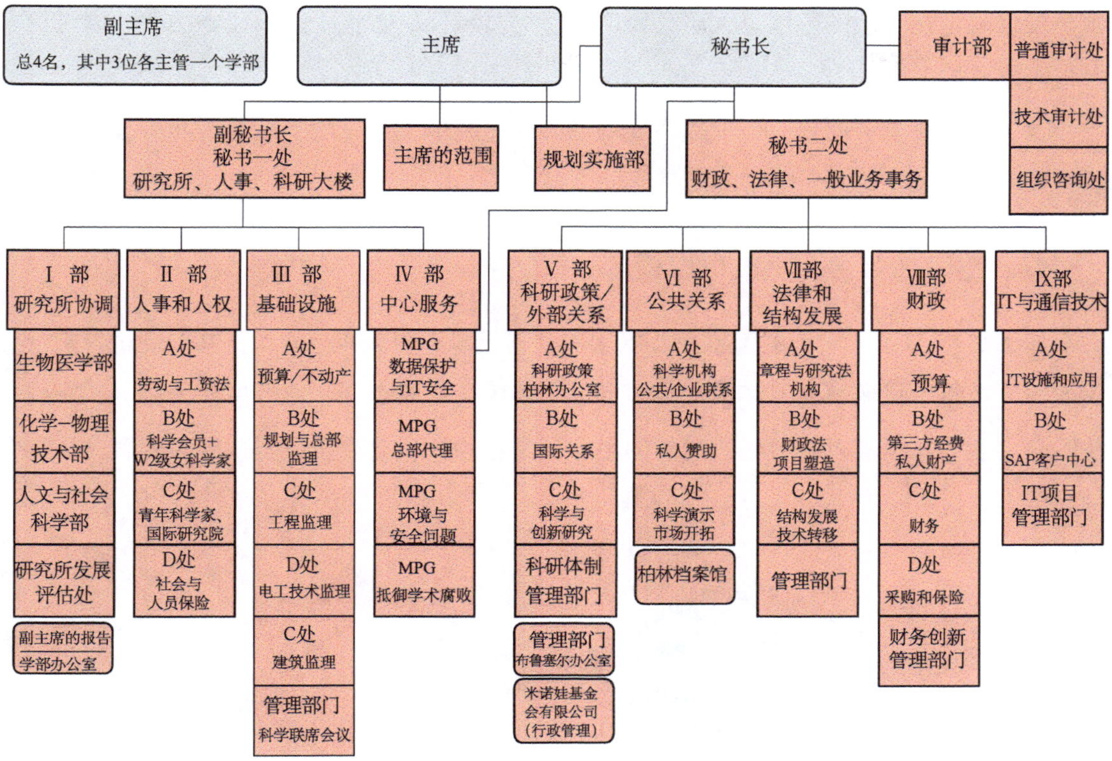

图2-14 马普学会行政管理总部组织关系结构图

四、德国马普学会战略规划的制定程序

马普学会是世界著名的基础研究机构，其战略研究与规划的制定程序是由学会章程规定的。参与研究规划制定的主要有评议会、执行委员会、管理委员会与学部和行政管理总部。在选择研究课题和进行实际科研工作方面，学会给予研究所、科研机构和项目临时协作组的高级科学家以很大的自主权。各个研究所和独立青年组与研究室尽管都接受学会科学委员会的领导，但是，这种领导仅仅限定在一般的范围里。研究所的研究人员则通过对总目标、实施研究项目方法的共同讨论来参与研究所的决策。原则上马普研究所是通过所长（研究室主任）兴趣和承揽国家研究项目来建立自己的研究课题的。学会战略研究与规划的制定程序主要有以下几个方面。

（1）按学会章程规定，参与研究规划制定的主要有评议会、执行委员会、管理委员会与学部和总管理部。

（2）选择研究课题和进行实际科研工作方面，学会给予研究所、科研机构和项目临时协作组的高级科学家以很大的自主权。

（3）各个研究所和独立青年组与研究室尽管接受学会科学委员会的领导，但是，这种领导仅仅限定在一般的范围里。研究人员通过对总目标、实施研究项目方法的共同讨论来参与研究所的决策。

（4）对马普学会而言，每项战略规划都必须超越单个研究所的视野，而所有主题相近的研究所均应合并入一个研究领域。

五、德国马普学会决策与规划运行机制

如图 2-15 显示，学会的董事长及主席和秘书长每年会面 4 ～ 6 次，共同商讨与学会有关的研究政策、科研事务及相关法律等问题。德国研究联合会、弗劳恩霍夫协会、亥姆霍兹联合会和莱布尼茨学会等科研组织的主席通常作为评议会委员或特邀客人列席马普学会的高层会议。

图2-15　马普学会的管理运行机制

评议会定期通报研究领域委员会发表的意见以及进行扩展评估的结果，同时也要向政府投资者和学会最高决策委员会通报经费使用情况及研究质量保证措施。

学部咨询评议会对任命所长和研究所继续发展的决议，在任命或取消研究室时负责倾听有关研究所科学工作者的意见。管理委员会建议成立所并上交建议，提交给评议会、学会副主席和总管理部评议，最后由评议会对建立所、任命等做出决定[①]。

马普学会的这种各界代表广泛参与的、独具特色的决策机制，有效地促进了马普研究所“科学—社会”的互动，使其研究工作得以长盛不衰。

① MPG. Satzung der Max-Planck-Gesellschaft zur Förderung der Wissenschaften e.V. http：//www.mpg.de/199506/satzung.pdf［2015-12-11］.

六、德国马普学会创建新研究所的原则

马普学会章程规定，要灵活地促进创新性基础研究，如果合同期满，不仅单个研究室甚至整个研究所都可以或将要关闭，或者要重新调整研究方向；至于与其他机构如大学成功创建的研究课题（合作研究）则可能会成为例外。借由关闭研究室和研究所，将为新的研究领域，偶尔也会为其他研究领域赢得更多的资源和活动余地。由于创建新研究所与高投入和需要长期固定的财力资源相关联，所以需要在事前评估中做出特别谨慎和明确的阐述。按照“哈纳克原则”，与创建新研究所有关的创始概念的讨论，通常要与新部门有领导潜力候选人的讨论同时进行；与此同时，还要就组织结构和当地的安置问题展开详细的讨论。

（黄　群　葛春雷 执笔）

第四节　法国国家科研中心

一、法国国家科研中心基本概况

法国国家科研中心（Centre National de la Recherche Scientifique，CNRS）是法国最大的国立科研机构，成立于 1939 年，覆盖自然科学、社会科学和工程技术相关领域，由法国教研部直接领导。截至 2014 年，共有 24 955 名终身雇员。CNRS 经费主要由国家拨款，其余为研究合同收入、产品开发收入等自创经费，2013 年总预算为 34.15 亿欧元。CNRS 下设 10 个研究院与 19 个地区代表处，由分布于法国全境的逾 1100 个研究单元进行科研活动，其中 94% 均为与高校或其他科研机构共建的联合研究单元。

二、法国国家科研中心使命与定位

（一）使命与定位

CNRS 成立于 1939 年第二次世界大战期间，最初为国家军事利益服务而进行大量应用研究，在法国被占领时期则致力于解决贫困所导致的国家问题。第二次世界大战后随着戴高乐的上台，CNRS 得到了国家的全方位支持，其主要研究方向转为基础研究，研究领

域有了极大的扩展。目前 CNRS 承担着提振法国科技实力、提高法国在全球科技地位的责任[①②]。

CNRS 的五大使命包括：①评估并从事能够推动科学进步或对国家经济、社会、文化有益的各项科学研究；②推进科研成果的应用与转移转化；③使用法语开展科学交流；④实现人才培养与科学研究的互相促进；⑤参与对国家和国际科技发展状况及趋势的分析和研究[③]。

根据“法国国家科研中心组织与运行第 82-993 号法令”的规定，CNRS 通过以下方式来实现国家赋予其的使命与定位：①创建、管理并资助研究单元；②推进其他公立科研机构、大学或其他高等教育机构、国有企业、私人企业或研究中心的实验室的科研活动；③实施科学研究与技术研发项目；④在财政法案允许范围内招聘科研人员和设置岗位；⑤在国家或国际协议的框架内，建设并管理大型科研仪器设施；⑥创建衍生公司与收购股权；⑦与国家、地方政府或其他国内外机构共同参与科研规划的制订和实施工作；⑧参与国际科技协议的制定和实施工作；⑨保障科研文件与成果的撰写与传播[④]。

（二）总体规划与发展方向的确定

CNRS 与国家每四年签订一次目标合同，内容包括这一时期在科学研究、组织管理与内部政策方面的目标与措施等。CNRS 依据此合同展开工作。中心最高决策机构理事会（Conseil D' administration）及其主席负责确定中心的发展战略与政策，国家科学研究委员会（Comité National de la Recherche Scientifique，CoNRS）作为 CNRS 的咨询与内部评估机构，通过对科技发展的分析与展望参与其中。

CNRS 根据国家科技政策和科技战略，结合中心的使命，制定阶段性战略规划及明确的战略目标，并根据战略目标起草四年期合同。每期合同结束后，教研部委托法国科研与高等教育评估署（Agence d'évaluation de la Recherch et de L'enseignement Supérieal，AERES）对中心上一期合同执行情况进行评估，评估工作根据 CNRS 提供的年度报告及合同目标展开。教研部根据 AERES 的评估结果与 CNRS 签订下一期合同。

---

① CNRS.Présentation.http：//www.cnrs.fr/fr/organisme/presentation.htm［2012-7-26］.

② CNRS.Histoire.http：//www.cnrs.fr/fr/organisme/histoire.htm［2012-7-26］.

③ CNRS.Bienvenue CNRS2011.http：//www.cnrs.frfrorganismedocsespacedocBienvenueCNRS2011.pdf［2012-8-2］.

④ Legifrance.Décret n° 82-993 du 24 Novembre 1982 Portant Organisation et Fonctionnement du Centrt National de la Recherche Scientifique. http：//www.legifrance.gouv.fr/affichTexte.do?cidTexte=JORFTEXT000000884328［2012-8-3］.

三、法国国家科研中心业务管理体系

CNRS的总体组织结构在近几年进行了几次变动，现行体系如图2-16所示①。具体结构包括：总部决策管理层，以研究院与相关科研部门为主体的业务管理与实施层，由各职能部门组成的行政管理层，以及作为内部评估及咨询部门的国家科学研究委员会。

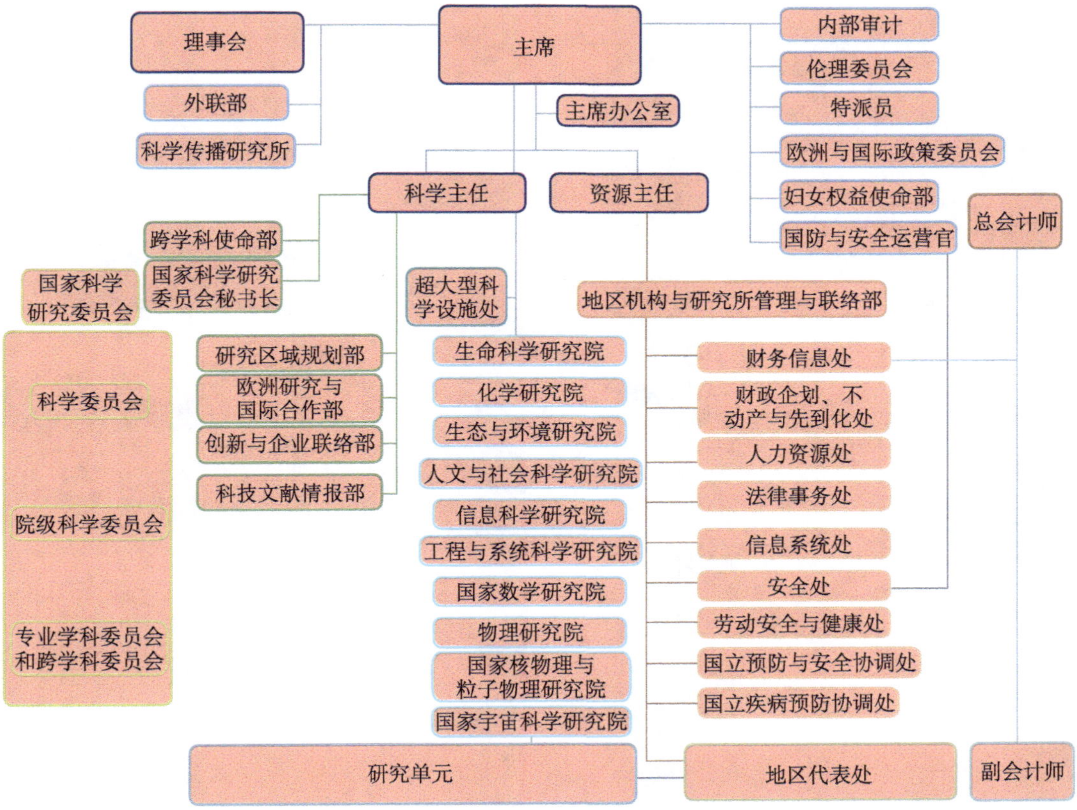

图2-16　CNRS组织结构图

（一）决策层及其职责

CNRS总部决策管理层由理事会、主席、主管业务的科学主任、主管职能部门的资源主任等组成②（图2-17）。

理事会的职能为：在结合国家总体的社会、经济、文化需求的情况下，根据科学委员会的建议，分析并确定中心的政策方向；确定中心与其合作伙伴及相关国内外机构的

① CNRS.Organisme du CNRS.http：//www. cnrs. fr/fr/organisme/organisation.htm［2014-4-25］.

② CNRS.L'organisation de la Recherche du CNRS.http：//www. cnrs. fr/fr/recherche/index.htm［2012-7-31］.

关系原则。其职责包括审议中心在运行与组织方面的措施（尤其是部、处的建立）、预算及其修正案、CNRS 与国家的多年合同、年度工作报告、财务报表、社会福利及保障政策、借款、开设子公司、股权的收购、转让和增持。理事会的 21 名成员由各利益主体代表组成，包括 CNRS 主席、3 名由教研部与财政部指派的国家代表、1 名法国大学校长会议（Conférence des Présidents d'Université，CPU）代表、12 名各界代表（科技界、社会经济界、劳动界代表各 4 名）、4 名由中心内部选举出的员工代表[①]。

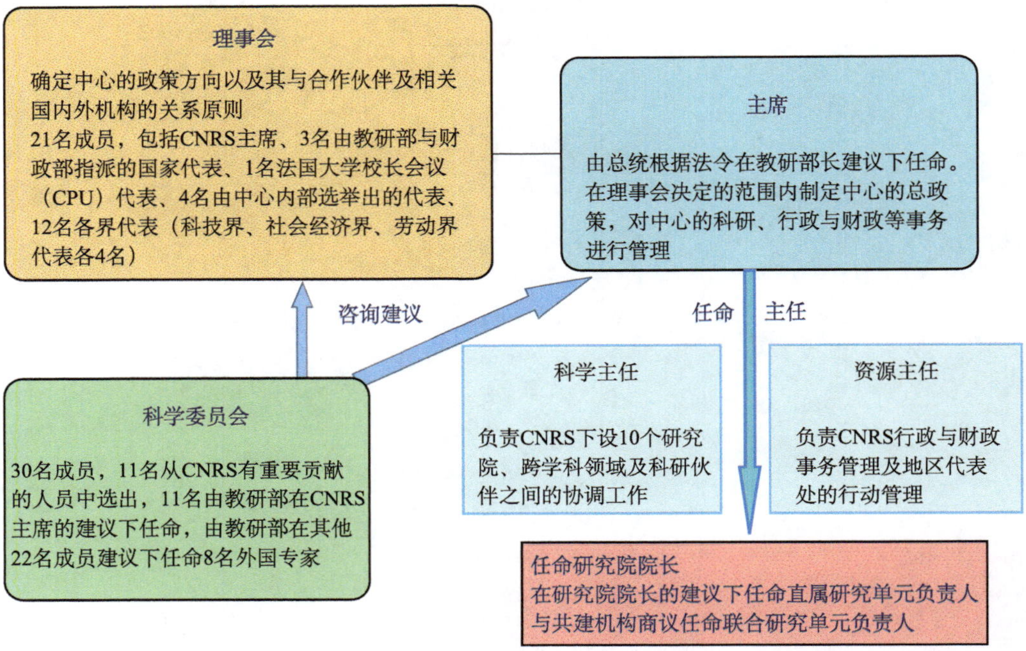

图2-17　CNRS决策层构成及其职责

理事会的工作机制：理事会成员每年在主席的召集下至少召开 4 次会议讨论工作，由主席在会议中组织并引导讨论，从而使达成一致意见。理事会会议必须在半数以上成员参加的情况下才为有效（可采用视频会议等方式），若未达到规定人数，需最晚在 20 天内重新召开会议。特殊情况下，可由主席召集召开额外的临时会议。主席可建议理事会在其内部设立 1 个或多个特别委员会以筹备会议议程，每个特别委员会需包含 4 名成员，其中 1 名为选举产生的成员。特别委员会在主席召集下开会，中心的主任、秘书长与财务负责人在必要时均可参加会议。主席可在特别委员会成员中指定 1 位或多位报告人起草理事会会议议程与相关文件。特别委员会可听取所有有用的专家意见以支持理事会行使职责。理事

---

① CNRS.Compositon du Conseil D' administration.http：//www.cnrs.fr/ca/composition.html［2012-7-26］； CNRS.Mission du Conseil D' administration.http：//www.cnrs.fr/ca/missions.html［2012-7-26］.

会的每位成员享有投票权，通过举手表决的方式对审议内容进行投票，当涉及人事任免的内容时，可在成员要求下采取无记名投票。每次会议后，由主席向教研部提交会议记录，若审议内容涉及预算、借款、开设子公司、股权的收购、转让和增持、财产更换等，主席还应向财政部提交记录①。会议结果在得到教研部同意后，将在15天后得到执行，紧急情况下也可立即执行。

CNRS 的主席同时也是理事会的主席，每四年由法国总统在教研部长建议下颁布法令任命。主席需从科学技术研究领域中的杰出人才中选择，最多只能连任一次②。

CNRS 主席的职权为：①在理事会决定的范围内制定中心的总政策，对中心的科研、行政与财政等事务进行管理。②确保不同学科之间的平衡。③确定理事会的议程、准备其审议工作并保障其实施。④维持 CNRS 与社会经济合作伙伴、高等教育与研究机构、与科研活动有关的国内外组织的关系。⑤是 CNRS 收入与支出的主要拨款审核者，可授权副手签字。⑥负责管理所有人员。⑦作为法人代表全权代表中心的一切民事行为及与第三方产生的关系。⑧有权授权他人签字。可将部分权力授权科学主任、研究院院长及会计师等以在中心内部、研究单元及与其他机构共建的国家研究院中行使行政或科研职能。授权人可将签字权转授他人。

科学主任由主席任命，负责 CNRS 下设 10 个研究院、跨学科领域及科研伙伴之间的协调工作。资源主任同样由主席任命，负责 CNRS 行政与财政事务管理及地区代表处的行动管理。

（二）业务管理模式

CNRS 的业务管理模式如图 2-18 所示。理事会在科学委员会的建议下，建立、重组或撤销研究院；与研究院签订目标合同，规划研究院的战略目标，明确经费的分配等内容（该目标合同由研究院在院科学委员会的建议下起草，并通过科学主任签订）。理事会经科学委员会建议，可创建、重组或撤销直属研究单元；也可与大学或其他科研机构共同创建联合研究单元，双方需签署协议以进行创建、重组或撤销，并在协议中共同确定目标、经费分配、人员配备等问题（该协议由地区代表处与研究院共同协商起草）。

---

① CNRS. Règlement Intérieur du Conseil D' administration Issu des Délibérations du 4 Novembre 1999. http：//www.dgdr.cnrs.fr/daj/textes/reglementation/textes/rgltintca.htm [2014-6-19].

② Legifrance.Décret du 21 Janvier 2010 Portant Nomination du Président du Centre National de la Recherche Scientifique-M. Fuchs (Alain).http：//www.legifrance.gouv.fr/affichTexte.do?cidTexte=JORFTEXT000021720869&fastPos=20&fastReqId=1617348363&categorieLien=id&oldAction=rechTexte [2012-8-3].

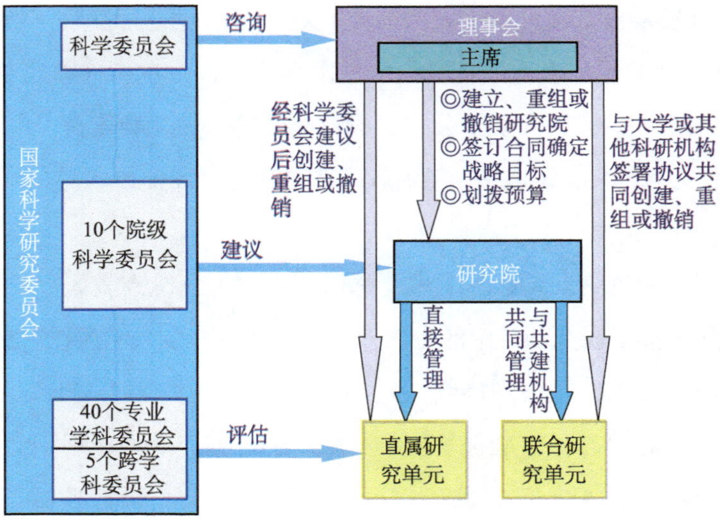

图2-18 CNRS业务管理模式

CNRS 的主席作为理事会的主席，与理事会一起构成决策层，中心不再设专门的职位管理 CNRS 的日常事务，而由科学主任与资源主任分别负责业务部门与职能部门的工作。主席任命科学主任、资源主任与研究院院长，并在国家科学研究委员会、研究院院长与研究单元管理委员会的意见下任命研究单元负责人。其中联合研究单元的负责人需与共建机构共同商议后任命。研究单元的负责人任期为四年，一个负责人不能在同个研究单元任职超过三期。

每个研究院下都设有若干个研究单元，研究院对直属研究单元进行直接管理，签订目标合同，划拨经费，管理人员；共建机构共同管理联合研究单元，签订协议共同规定战略目标与经费的分配，分别管理来自各机构的人员。

国家科学研究委员会作为 CNRS 的内部咨询与评估机构，通过其不同级别的委员会对 CNRS 的各个部门提供建议或进行评估。

（三）业务部门划分的情况及依据

CNRS 的科研活动主要在科学总司的领导下，由 10 个研究院及其下设研究单元实现①。

1. 研究院

研究院是科研中心科研政策的实施机构。它们在经过科学委员会的建议与理事会的同意后，由 CRNS 主席确定建立。研究院的院长参与制定 CNRS 的科研政策并确定贯彻执行科研政策的方式。每个研究院均负责组织并协调其负责学科领域的科研活动（跨学科、跨

---

① CNRS. L' organisation de la Recherche du CNRS.http：//www.cnrs.fr/fr/recherche/index.htm［2012-7-31］.

研究院的项目可在经过科学委员会建议与理事会同意后由主席确定）。

CNRS 目前设有 10 个研究院，包括：生命科学研究院（INSB）、化学研究院（INC）、生态与环境研究院（INEE）、人文与社会科学研究院（INSHS）、信息科学研究院（INS2I）、工程与系统科学研究院（INSIS）、国家数学研究院（INSMI）、物理研究院（INP）、国家核物理与粒子物理研究院（IN2P3）、国家宇宙科学研究院（INSU）。

这些研究院以大的学科领域进行划分，具体领域及其研究内容[①]见表 2-4。

表 2-4　CNRS 学科研究领域

学科领域	研究内容
生命科学	结构生物学，生物信息学，药理学，神经系统科学，认知科学，免疫学，遗传学，细胞生物学，微生物学，生理学，植物生物学，系统生物学，生物多样性
化学	化学及其在生命系统中的应用（探索并开发用于药理学、生物技术、医学、美容学、农用工业和植物检疫工业的模型和工具），绿色化学和可持续发展（开发更高效、更具选择性和更安全的化学反应），功能性材料（开发和调控物质特性，发展纳米化学）
生态与环境	生态学与生态科学，生物多样性，全球变化的影响，健康与环境，自然资源，生态化学与环境化学
人文与社会科学	历史中的文化与社会，人类、社会及环境，行为、认知与交流，现代社会
信息科学	信息科学技术，计算科学，自动化控制，信号处理，通信与机器人学
工程与系统科学	工程技术、系统分析方法
数学	数学及与其他科学领域的交互作用，与工业和社会的相互作用
物理	基本物理规则，光学与激光学，凝聚态物理，纳米科学
核物理与粒子物理	粒子物理，核物理与强子物理，天体粒子物理与中微子，核电后端循环研究，加速器的研发
宇宙科学	海洋学，地质学，地球物理学，气候学，水文学，自然灾害，环境，行星学，天文学，天体物理学

CNRS 的 10 个研究院的组织结构是在 2009 年形成的（图 2-19）。CNRS 在"展望 2020 战略"及与国家签订的"2009～2013 年目标合同"的指导下，进行了重大体制改革，将原有的六大学部拆分、改组为 8 个自主性更强的研究院，加上两个国家科学研究院，共形成 10 个研究院。研究院发挥科研活动组织和科研经费资助的双重作用。每个研究院都有义务落实执行国家任务，依靠下属研究单元作为组织科研实施的责任者。CNRS 总部在研究院中起协调和监督作用。

通过以上调整，CNRS 希望使中心内部各学科领域得到真正的管理和协调，具有更好的能见度与对外开放度，消除各科研部门之间的隔阂，避免重复浪费，使科研经费和手段发挥最大效益，同时加强 CNRS 的领导层作用。

---

① CNRS.Les Instituts du CNRS. http：//www. cnrs. fr/fr/recherche/instituts.htm［2012-7-31］.

2008年改组前		2009年改组后
数学、物理、地球与宇宙学部	→	物理研究院 数学研究院
化学部	→	化学研究院
生命科学部	→	生命科学研究院
人文与社会学部	→	人文与社会科学研究院
信息、工程科学与技术学部	→	信息科学研究院 工程与系统科学研究院
环境科学与可持续发展学部	→	生态与环境研究院
国家核物理和粒子物理研究院	→	国家核物理与粒子物理研究院
国家宇宙科学研究院	→	国家宇宙科学研究院

图2-19　2008年CNRS机构重组情况

2. 研究单元

CNRS 的科研工作主要由研究单元（实验室）进行。这些由科研团队组成的研究单元是 CNRS 的基础。CNRS 的研究单元分为三类，直属研究单元（Unités Propres de Recherche，UPR）、联合研究单元（Unités Mixtes de Recherch，UMR）与协作研究单元（Unités de Recherche Associées，URA）。研究单元的创建与更新周期为四年一次。直属研究单元由 CNRS 主席在国家科学研究委员会的建议下创建；联合研究单元与协作研究单元则由 CNRS 与其他机构共同建立，并由双方根据签订的协议共同提供人力与资金，进行管理。CNRS 对研究单元的经费分配由研究院根据预算划拨到研究单元。每个研究单元均有负责人与管理委员会对单元内的具体事宜进行管理。

截至 2012 年年底，CNRS 共有逾 1100 个研究单元，其中 94% 为与其他 150 家高等教育或研究机构共建的联合研究单元。同时，CNRS 还在海外建有 30 个国际联合研究单元（Unités Mixtes Internationales，UMI）。在所有的联合研究单元中，科研中心的研究人员约占 12%，高校的研究人员约占 31%，科研中心的工程师、技术员约占 12%，科研中心与高校共同培养的博士生和博士后约占 33%，这体现了科研中心与大学及其他科研机构合作的广泛与深入[①]。

3. 业务评估机构——国家科学研究委员会

CNRS 的内部评估由 CNRS 的国家科学研究委员会组织，委员会由 CNRS 科学委员会、10 个院级科学委员会、40 个专业学科委员会与 5 个跨学科委员会组成，覆盖 CNRS 所有科研领域。国家科学研究委员会每两年对科研中心直属或联合研究单元和研究人员进行一次评估，每四年对科研项目进行总结评估[②]。

① CNRS.Chiffres.http：//www.dgdr.cnrs.fr/dsfim/chiffres/2011/［2012-7-31］.

② CNRS.Brochure CoNRS 2011.http：//www.cnrs.fr/comitenational/［2012-7-26］.

CNRS 科学委员会是开展评估与咨询的最重要主体。该委员会由 30 名成员组成，其中 11 名从 CNRS 中有重要贡献的人员中选出，11 名由教研部在 CNRS 主席的建议下任命，8 名外国专家（5 名来自欧洲）由教研部在其他 22 名成员建议下任命。

院级科学委员会由 24 名成员构成，包括 12 名由选举产生的代表（5 名高级研究员，4 名初级研究员，3 名技术、管理人员），12 名由 CNRS 主席在科学委员会的建议下任命的成员（其中一半来自法国境外）。主要对院研究项目与活动、研究单元的建立与撤销等内容提出建议。

专业学科委员会由 21 名成员组成，包括 14 名由选举产生的代表（6 名高级研究员，5 名初级研究员，3 名技术、管理人员），7 名由教研部在 CNRS 主席的建议下任命的成员。主要工作职责为：参与研究人员的招聘、评估研究人员、审核研究人员的晋升与调动；对研究单元的建立与撤销提供建议；对其负责领域的所有相关问题提供建议等。每个研究院均对应若干专业学科委员会与跨学科委员会。每个研究人员均与某一个专业学科委员会相对应，在该专业学科委员会不重组及个人不提出变更申请的情况下，终身保持不变，由该专业学科委员会对其进行评估，每两年进行一次。每个研究单元由一个或多个专业学科委员会进行评估，内容包括对研究单元的创建、重组和撤销，研究单元的经费和人力资源需求，研究人员的招聘、晋升、科研成效等内容提出建议。每个专业学科委员会对应一个研究院下属的若干个研究单元，或多个研究院下属的研究单元①。

评估工作通常采取同行评议制，征求国内外同行专家的意见。评估过程通常是评估专家组首先审阅研究人员或研究单元提交的研究活动报告，然后进行实地考察（评估报告人通过现场访问考察来补充完成学术档案的分析）和座谈会，随后专家组进行封闭讨论形成评估报告提交。除出具被评估对象的科研活动报告与科研成果列表外，作为补充信息，专业委员会还出具年科研活动报告，发表意见，向研究人员、研究单元主任、研究院院长与 CNRS 管理层公布。

每个专业学科委员会与跨学科委员会须在其任期刚开始的时候确定评估标准，根据其负责的学科领域以及研究的性质和条件制定、完善并公开。针对不同类型研究单元和不同级别研究人员的评估标准各有不同，采取全面的多元化的考量。一般而言，表明研究人员在国家和国际上的知名度和重要性的客观标准是期刊论文和出版物、国际会议论文、与产业界及国外的合作等。

---

① CNRS.Décision Relative au Suivi et à L'évaluation des Unités et des Chercheurs Relevant du Centre National de la Recherche Scientifique.http：//www.dgdr.cnrs.fr/daj/textes/reglementation/organisation.htm［2012-8-3］.

CNRS 的外部评估工作由法国科研与高等教育评估署负责，评估署在完全独立于教研部和 CNRS 的前提下开展同行评议，以 CNRS 与教研部签订的四年合同为基础。

（四）CNRS 总部对研究院的管理

根据《法国国家科研中心组织与运行法令》的规定，CNRS 总部对研究院的管理情况如下。

1. CNRS 协调研究院的方式

理事会与主席确定每个研究院的组织与运行。

科学总司由研究院院长、相关业务部门负责人、国家科学研究委员会代表等组成，负责协调 CNRS 各业务部门的工作，实行中心的科研政策，协调 10 个研究院的行为，促进跨学科研究，与地区、国家、欧洲与国际上的研究主体建立合作关系[①②]。

2. 研究院设立与关闭的规则

CNRS 研究院的设立、撤销与重组由主席在听取科学委员会的建议并由理事会通过后决定。

四、法国国家科研中心研究院的组织管理

（一）院长的任命程序

根据 2010 年的 CNRS 主席令，研究院院长由主席任命，任期四年，可连任一次。院长在任期内不可同时兼任研究单元负责人或者在中心其他法定评估或咨询机构中任职。每个院长可有一个或多个行政副院长与科技副院长协助其工作。副院长由院长建议，由主席任命，任期四年，可连任一次，副院长在任期内也不可同时兼任研究单元负责人或者在中心其他法定评估或咨询机构中任职[③]。

研究院院长职权：在主席的管理下，与科学委员会共同参与制定中心的科研政策，在其负责研究院的业务领域内实施中心的科研方针。

---

① CNRS. Missions de la Direction Générale Déléguée à la Science （DGDS）. http：//www. cnrs. fr/dgds/missions. htm [2012-8-3].

② CNRS. Organigramme de la DGDS. http：//www. cnrs. fr/dgds/organigramme. htm [2012-8-3].

③ CNRS. Décision n° 100001DAJ du 21 Janvier 2010 Modifiée Portant Création et Organisation des Instituts et Fixant la Liste des Sections et des Commissions Interdisciplinaires Concernées par leur Activité. http：//www. dgdr. cnrs. fr/daj/textes/reglementation/docs/DEC100001DAJ_creation_instituts_consolidee. pdf [2012-8-3].

（二）院研究方向的确定

每个研究院通过与总部的科学总司签订多年目标合同来展开工作，合同内容包括该院多年发展战略、在不同方面的投入目标等。

同时，教研部可通过总部的科学总司委托研究院承担其覆盖领域的国家任务。

每个研究院均有院科学委员会就机构的科研活动与项目的发展前景与机会等向院长提供意见与建议，其中承担国家任务的研究院内还设有指导委员会，成员包括相关部委、机构的代表。国家核物理与粒子物理研究院与国家宇宙科学研究院等作为国家研究院，行使国家任务。

（三）院间合作模式

CNRS 的每个研究院负责组织并协调其负责的学科领域的科研活动。跨学科、跨研究院的项目可在经过科学委员会建议与理事会同意后由主席决定①。

五、法国国家科研中心经费配置方式

CNRS 主要基于固定在编人员进行经费配置。如图 2-20 所示，CNRS 2012 年执行预算的构成中：拥有国家公务员身份的固定人员的经费占 63.2%，用于其工资与科研活动所需经费；运行与非项目费占 27.3%，主要用于采购办公家具和能源、税费、分期偿还及预付款等；临时人员费用主要由自有经费负担；项目费主要用于重大项目的经费。

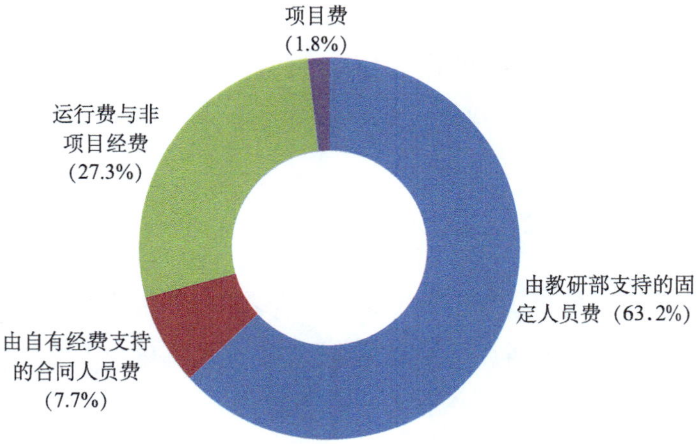

图2-20　2012年CNRS预算用途构成

在为各个研究院分配预算时，CNRS 主要以与国家签订的目标合同为指南。如图 2-21

---

① CNRS. L'organisation de la Recherche du CNRS.http：//www.cnrs.fr/fr/recherche/index.htm［2012-7-31］.

所示，CNRS 2012 年的预算分配中，生命科学研究院的预算最多[①]。

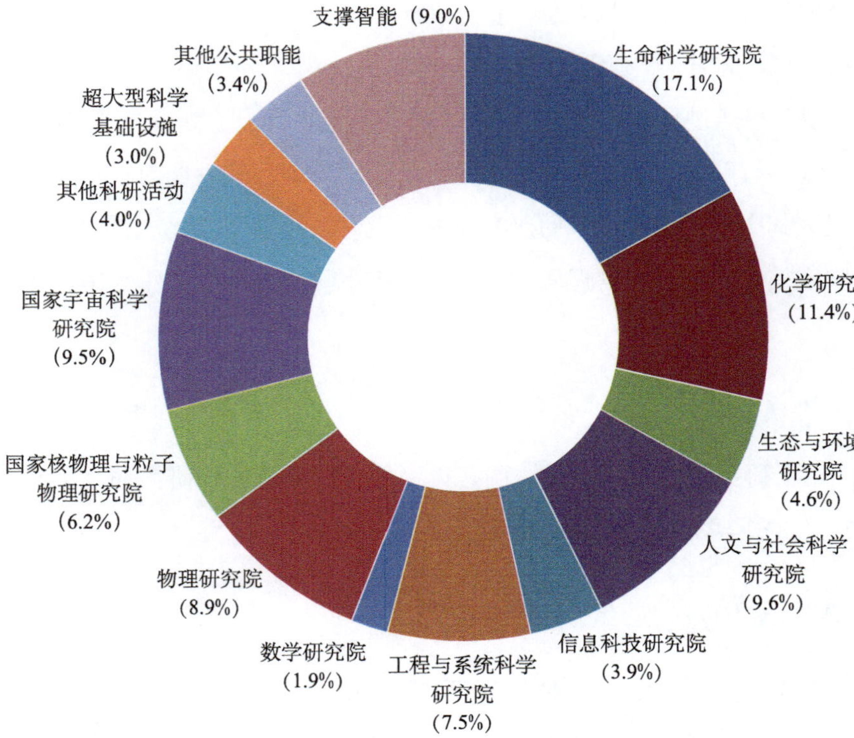

图2-21　2012年CNRS研究院预算分配

（陈晓怡 执笔）

第五节　英国研究理事会所属研究机构

一、英国研究理事会基本概况

英国的科研力量主要分布在大学、企业，以及少数政府科研机构中，是科技体系相对分散的一个国家。英国的公共研究机构主要包括：各研究理事会下属的部分研究所和研究中心，以及政府少数部门所属的实验室（主要为科学数据监测、科技标准制定和科研基础设施类机构）。

英国的各种领域研究理事会从 1920 年起开始陆续成立，目前保持为七个，包括：生物

① CNRS. Ra-2012-Chiffres. http：//www.cnrs.fr/fr/organisme/docs/espacedoc/ra-2012-chiffres.pdf［2014-4-24］.

技术和生物科学研究理事会（BBSRC）、科学技术设施研究理事会（STFC）、自然环境研究理事会（NERC）、医学研究理事会（MRC）、工程与自然科学研究理事会（EPSRC）、经济与社会研究理事会（ESRC）、艺术和人文科学研究理事会（AHRC）。

英国研究理事会（RCUK）只是以上七个专门领域研究理事会进行战略合作的联盟机构，其目的是克服跨理事会的研究活动障碍，促进共同的人才培养、创新培育和国际合作工作。各研究理事会作为独立法人，实际上是各自独立管理，并分别向议会负责的①。

由于七个研究理事会都是专业性的，所以其所属研究所的分工更细，规模都不是很大。以规模最大的 BBSRC 各研究所为例，平均每个正规研究所的员工为 200 ～ 300 人。其余的研究中心、研究单元甚至更少。相对较小的规模有利于建立相对简洁的组织结构，从而提高内部管理的效率，并方便研究理事会对其在经费使用等方面的监督。

这些研究机构不同于中国科学院的各研究所，研究理事会只是它们的主要经费来源，它们大部分实际上是“接受研究理事会长期资助”的研究机构，而不是由研究理事会直接管理的研究机构。它们接受研究理事会的监督和资助，但都是独立的自我管理的研究机构（其中大部分机构是依托于大学建立的，因此在业务管理和研究方向选择中还要受到所在大学、系的影响）。

二、英国研究理事会对所属机构的管理内容、方式及责权关系

（一）各研究理事会所属研究机构的基本情况

英国的研究理事会属于非政府部门公共机构，拥有独立的政策制定、经费使用和管理权。目前，七大研究理事会长期资助并管理了上百家公共研究所、研究中心、研究单元或大型设施（表 2-5）。

表 2-5　英国各研究理事会所属研究机构情况

研究理事会	所属科研机构数量	主要机构列表
生物技术和生物科学研究理事会（BBSRC）②	8 个研究所（此外还与多个大学合建近 20 个研究中心）	The Institute for Animal Health The Babraham Institute The Institute of Biological，Environmental and Rural Sciences The Institute of Food Research The John Innes Centre The Roslin Institute Rothamsted Research The Genome Analysis Centre ……

① Research Councils UK. http：//www. rcuk. ac. uk/［2015-12-18］.

② Biotechnology and Biological Sciences Research Council. http：//www. bbsrc. ac. uk/［2015-12-18］.

续表

研究理事会	所属科研机构数量	主要机构列表
医学研究理事会（MRC）①	62 个科研机构（部分为与大学合办，按照规模区分为研究所、研究中心或研究单元）	Centre for Brain Ageing and Vitality Centre for Cognitive Ageing and Cognitive Epidemiology MRC-HPA Centre for Environment and Health MRC-University of Edinburgh Human Genetics Unit MRC-University of Glasgow Centre for Virus Research MRC Biostatistics Unit MRC Epidemiology Unit MRC Cell Biology Unit MRC Centre for Behavioural and Clinical Neuroscience Institute（BCNI） ……
工程与自然科学研究理事会（EPSRC）②	无直属科研机构	—
科学技术设施研究理事会（STFC）③	直属 4 个天文台和若干大型基础设施、数据中心等	Boulby Underground Laboratory Harwell Innovation Centre Daresbury Science and Innovation Campus UK Astronomy Technology Centre （UKATC） Daresbury Laboratory （DL） Rutherford Appleton Laboratory （RAL） ……
自然环境研究理事会（NERC）④	直属 6 个研究中心、数据中心和若干研究设施（此外还与大学合建多个研究中心）	British Antarctic Survey British Geological Survey Centre for Ecology & Hydrology National Centre for Atmospheric Science National Centre for Earth Observation National Oceanography Centre ……
经济与社会研究理事会（ESRC）⑤	直属 40 多个研究中心及若干临时性研究项目组（按需求设立及撤销）	Centre for Business Relationships，Accountability，Sustainability and Society（BRASS） Centre for Climate Change Economics and Policy （CCCEP） Climate Change Leadership Fellowships Energy and Communities Collaborative Venture ESRC-DFID Joint Scheme for Research on International Development（Poverty Alleviation） UK Energy Research Centre （UKERC） ……
艺术和人文科学研究理事会（AHRC）⑥	无直属科研机构	—

① Medical Research Council. http：//www. mrc. ac. uk/ [2015-12-18].
② Engineering and Physical Sciences Research Council. http：//www. epsrc. ac. uk [2015-12-18].
③ Science and Technology Facilities Council. http：//www. stfc. ac. uk/ [2015-12-18].
④ Natural Environment Research Council. http：//www. nerc. ac. uk/ [2015-12-18].
⑤ Economic and Social Research Council. http：//www. esrc. ac. uk/ [2015-12-18].
⑥ Arts & Humanities Research Council. http：//www. ahrc. ac. uk/ [2015-12-18].

（二）组织模式

英国各研究理事会的组织模式以以下两机构为例进行介绍。

1. NERC

NERC 的最高决策机构是理事会，理事会对一些重要事宜做出决策，包括战略、主要目标和主要资源的配置，同时理事会还对预算的使用和目标的完成负责。理事会由主席、首席执行官和其他 10 ～ 18 名委员组成。理事会的委员来自学界和企业界，并有两名来自政府部门[①]（图 2-22）。

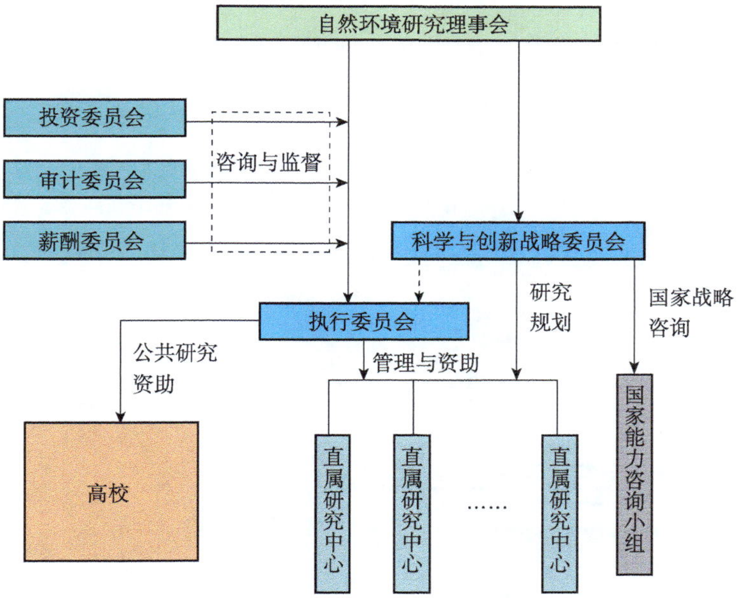

图2-22　NERC的组织管理模式

NERC 的执行机构是执行委员会（NEB），它和科学与创新战略委员会（SISB）都是理事会的支持性机构，其中 NEB 是理事会决策的执行者，由首席执行官担任主席，成员来自各下属研究机构，NEB 对于整个理事会决策和政策的执行以及委员会的日常管理负责；而 SISB 负责发展 NERC 整体性的科学战略，并提供新的、创新性的资助对象，其成员也来自各下属研究机构。监督委员会主要负责监督经费的使用，监督委员会的成员也是来自学界、企业界和政府，既接受内部监督又接受外部监督。NERC 还有一些专门为理事会提供建议的委员会，如公共关系委员会即是就 NERC 如何协调与大众的关系，如何增加透明度，如何增进与大众的交流的问题为理事会提供建议。这些咨询性的委员会不是 NERC 自我管理体系的一部分，但它们为理事会做出科学决策、提高管理效率发挥了积极的作用。

① Natural Environment Research Council. http：//www.nerc.ac.uk/［2015-12-18］.

2. BBSRC

BBSRC 的最高决策机构是理事会，设有 1 名非全职主席（象征性领取津贴）和 1 名全职副主席兼理事会首席执行官。理事会成员由来自政府、大学、企业、研究机构及其他相关机构的 10 ～ 18 名代表组成，其中一半以上具备良好的科学与工程背景。理事会主席、副主席和成员均由政府贸工大臣任命，任期为一年。目前，官方文件未提及连任要求。理事会首席执行官负责 BBSRC 的日常管理，并对理事会负责。同时，理事会还聘用相当数量的职员，来完成理事会主席、理事会与各部之间相互沟通和协调的日常管理工作①。

BBSRC 下设任命委员会、审计委员会、薪酬委员会、首席执行官办公室等部门，首席执行官办公室又下设资助拨款委员会和战略咨询委员会，这些部门分别履行对战略工作组和研究委员会成员任命、财务审计、资产维护、人力资源开发、报酬核算及战略咨询等职能。

战略咨询委员会是 BBSRC 的战略研究咨询部门，就关键战略议题及研究资助等事项向理事会提出咨询意见。而首席执行官办公室是 BBSRC 完成其使命及管理所属各研究所的核心部门（图 2-23）。

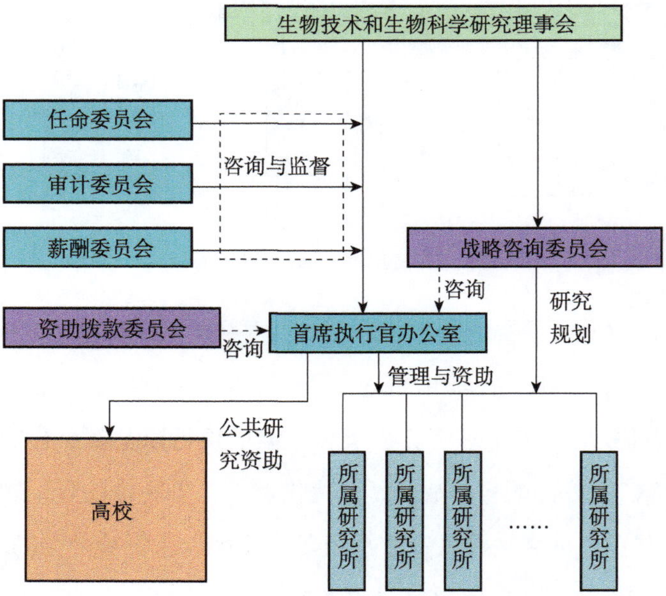

图2-23　BBSRC的组织管理模式②

① 尚智丛. 英国生物技术与生物科学研究理事会（BBSRC）管理模式的分析与启示. 科技进步与对策，2007，24（11）：200-202；Biotechnology and Biological Sciences Research Council. http：//www.bbsrc.ac.uk/［2015-12-18］.

② BBSRC. How Our Structures Interact. http：//www.bbsrc.ac.uk/organisation/structures/interaction.aspx［2015-12-18］.

三、英国研究理事会所属科研机构的管理机制

（一）研究所的自治管理机制①

BBSRC 各直属研究所（中心）一般实行所长（主任）负责制，并设立了管理委员会或理事会（governing body）。

管理委员会在学术、商务、财务和人事方面对研究所的工作给予指导，如审议通过所长的工作报告。

例如，BBSRC 直属的 Babraham 研究所采取了慈善团体和保证有限责任公司的运行模式。Babraham 研究所由一个理事会直接负责管理，Babraham 研究所对外成立了“Babraham 生命科学技术有限公司”（BBT）。BBT 有一个独立董事会，包括来自学术和商业界的各类执行和非执行董事。Babraham 研究所和 BBT 对外合称“Babraham 集团”。Babraham 研究所的理事会下设审计委员会和资产委员会，资产委员会负责监督 Babraham 研究园区的建设与发展工作②（图 2-24）。

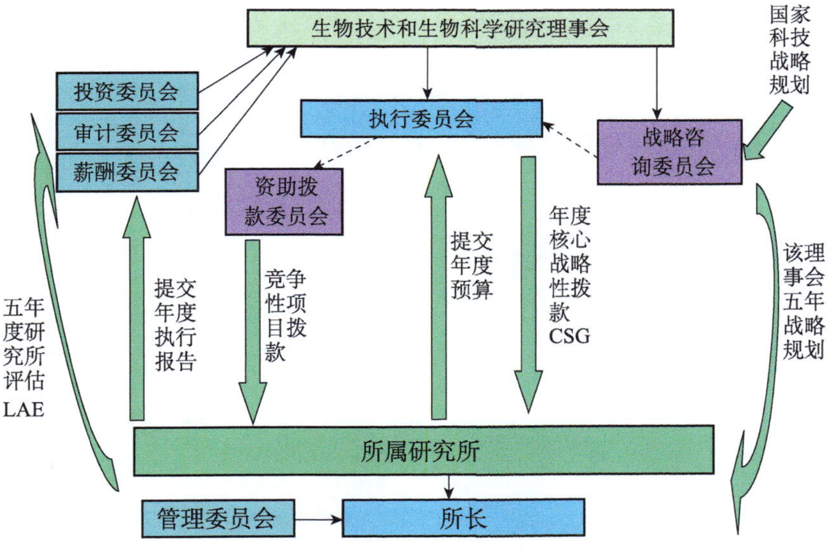

图2-24　BBSRC对所属研究所的基本管理模式

（二）所属研究所的人员任命及聘用程序

目前，BBSRC 在全英国范围内雇佣了 3300 多名员工，他们专业广泛且多有科学

① 刘娅. 英国部分公立科研机构经费管理研究. 世界科技研究与发展，2008，30（1）：107-112.

② Babraham Institute. Babraham's Governance. http：//www.babraham.ac.uk/about/governance.html［2015-12-18］.

研究经验。除 BBSRC 办公室的近 300 名行政雇员外，其余人员分布在 8 个直属研究所中。直属研究所的员工主要由公开招聘获得，选聘完成后要报备 BBSRC 人事部门备案。

BBSRC 各直属研究所（中心）的所长（主任）由 BBSRC 直接公开招聘并给予任命，任期一般为 5 ～ 6 年，合同期满后由 BBSRC 直接进行学术评估，并考虑后续动作。

各研究所的员工主要由公开招聘获得，选聘完成后要报备 BBSRC 人事部门备案。

（三）经费管理

1. 经费来源

尽管对大学科研活动的支持是 BBSRC 工作的主要内容，但它对直属科研机构的研究开发活动也进行稳定资助，对这些科研机构经费投入一直维持在其总研发经费投入的 35% 左右。

BBSRC 主要通过以下四种渠道实现对直属科研机构的经费支持（表 2-6）。

表 2-6 BBSRC 研究所的经费来源渠道

<table>
<tr><th>渠道</th><th>性质</th><th>用途</th><th>大体比例</th></tr>
<tr><td>核心战略性拨款（CSG）</td><td rowspan="3">国家财政直接拨款</td><td>用于人员开支和日常业务开支，从而形成稳定环境以支持科研机构开展长期性研究</td><td rowspan="3">25% ～ 30%</td></tr>
<tr><td>资产设备款项</td><td>用于设备购置，每年额度视实际需要而定</td></tr>
<tr><td>资产基建款项</td><td>用于房屋建设与修缮，每年额度视实际需要而定</td></tr>
<tr><td>研究计划经费、回应性研究款项</td><td>竞争性项目资助（来自 BBSRC，需进行项目申请与评估）</td><td>研究计划经费支持从上至下式的研究理事会引导性研究；回应性研究款项用于支持从下至上式的研究机构自由申请探索性研究</td><td>20% ～ 25%</td></tr>
<tr><td>来自其他政府部门的项目经费</td><td>竞争性资助</td><td>针对国家需求进行战略性研究</td><td>约 20%</td></tr>
<tr><td>产业界研发任务、国际合作、其他基金资助等</td><td>外部资助</td><td>外部合作及合同性研发项目</td><td>约 30%</td></tr>
</table>

此外，这些科研机构每年的运行经费除从 BBSRC 获取外，还存在多种渠道。包括：从其他英国政府部门申请项目经费；为产业界承担技术研发任务或建立协作关系而获得经费；为欧盟委员会等国际组织开展研究工作而获得经费；此外，基金、慈善机构等渠道也成了机构筹资的部分来源。这些机构的经费构成中有一个非常显著的特征，即政府的经费投入很大。在所有科研机构中来自 BBSRC 和其他政府部门等的间接和直接政府经费均能够占到机构经费总额的一半以上，大部分机构的比例可以达到 70%，最高甚至超过了 80%。

而来自政府的直接或间接支持经费中，通过 BBSRC 分配的核心战略性（满足国家战略需求）拨款是 8 个直属科研机构的稳定收入来源。这部分经费大致占各科研机构总收入的 30% ～ 50%，个别研究机构甚至高达 70% 以上。而与此相比较，来自产业界、国际组织或慈善机构等其他渠道的经费就少得多。该结果可能与这些科研机构从事的科研活动多属于基础研究有关。一般情况下，政府更重视对基础性或共性技术研发的支持，而产业界则更愿意资助应用性更强的研究。

2. 经费使用

政府科研经费是这些科研机构运行经费的主要来源，因此这些科研机构一般会根据经费提供方的要求并考虑本单位的发展目标来安排经费的使用。

这些科研机构原则上实行所长（主任）负责制，所长（主任）必须从总体上保证经费使用符合各项规定。财政性拨款一般用于科研机构人员经费、业务开支、设施建设和设备购置等支出项目。研究项目实行项目合同制管理，即由项目组长具体负责经费的使用管理。研发项目的各项经费支出需满足项目委托方的要求并且要符合预算合同的规定，项目研究经费仅能用于该项目的运作而不能挪作他用。科研人员差旅费按理事会规定标准报销，项目经费结余上缴科研机构，个人没有提成奖励。项目开展过程中，研发机构每年必须向政府委托方汇报该年度项目经费的支出情况。项目结束后三个月内，科研机构必须向政府委托方提交项目经费支出报告。

3. 经费管理与监督

英国研究理事会所属公立科研机构对经费使用的管理与监督一直坚持通过完备制度安排来保障合理使用的思路。BBSRC 采用三驾马车模式来对经费进行管理与监督。

一是 BBSRC 在理事会中设置了战略咨询委员会、任命委员会、薪酬委员会、审计委员会来对理事会资助的研发工作、人力资源、报酬、资产等业务管理进行规划和建议，因此在此过程中会对经费使用进行系统的计划和安排。

二是 BBSRC 的行政管理层在机构整体运行和课题管理的过程也会对具体经费的分配进行管理。通过前面分析可知，核心战略性拨款是 BBSRC 直属科研机构的稳定收入来源。BBSRC 每四年会对所有直属科研机构开展研究所评估（Institute Assessment Exercise，IAE），并根据评估结果决定下一个评估期内对该科研机构核心战略性拨款的支持水平。同时，BBSRC 设置了内部控制系统对包括财务在内的各种风险进行监控，每个财年末 BBSRC 需要向政府提交年度财务报告并对各项收入和支出进行说明。

三是 BBSRC 设计了一套严密的审计制度来保证经费使用的安全。BBSRC 内部设有审计委员会，每年会分三次对 BBSRC 及其资助的科研机构的内部控制管理、内部和外部的审计报告进行检查。每年 BBSRC 还会聘请外部审计机构进行第三方审计并接受国家审计署的审计。

首先，在研究所层次上，BBSRC 直属研究机构基本也沿用了研究理事会的上述做法。对于常规情况下的经费管理与监督，研究所一般会通过该机构的管理委员会和各种专业委员会来对包括经费管理在内的各方面进行计划与规划。其次，在机构运行过程中，由研究所管理层、各部门负责人和项目组长具体管理经费使用，财务部门每年需向 BBSRC 提交财务报告并对各项收入和支出进行说明。最后，研究所定期会通过内部和外部审计人员对财务运行情况进行审计。机构内部的财务与审计委员会每年会进行两次或三次财务检查。在外部方面，直属研究所每年接受 BBSRC 审计委员会的审计检查，并接受 BBSRC 每四年一次的 IAE，同时科研机构还聘请外部审计事务所每年进行第三方财务审计。

（四）绩效评估

以 BBSRC 为例。IAE 是 BBSRC 专门针对下属的研究所展开的科研绩效评估活动。目的是为了完成 BBSRC 最重要的任务，即确保研究机构所开展的研究活动在质量和与目标的符合程度方面达到较高的水平。

IAE 每五年进行一次，评估报告将对研究所的总体战略发展水平给出评级，作为决定下一个五年每个研究所获得核心战略性拨款额度的依据。在 IAE 中，将成立专门的考察组负责评估工作。考察组一般包括一系列的相应领域的国际级专家和各利益相关方的代表。考察组一般会用四天多的时间评估业务发展战略、科研活动质量和水平、研究生和博士后培养情况，以及研究所在科学和社会贡献方面的计划[①]。

另外，还有单独的调查组评估知识转移（KT）活动及创新商业化、公众参与，以及学生和学者培养（SFT）等问题。除了对以上内容进行评估外，IAE 评估报告还会针对研究机构在每个方面存在的问题提出改进的建议。考察组以及 KT、SFT 评估小组的成员来自学术界、企业界和国际。

（李　宏 执笔）

---

① 骆大进，杨洪涛. 英国公共研究机构的绩效评估及启示. 科技管理研究，2009，（9）：100-102.

第六节　俄罗斯科学院

一、俄罗斯科学院基本概况

俄罗斯科学院（Russian Academy of Sciences，RAS）于1724年成立，其历史悠久、规模庞大、研究实力雄厚，是俄罗斯联邦的最高学术机构、最大的科研实体，主导全国自然科学和社会科学基础研究的中心，也是全国的科研协调中心。

俄罗斯科学院致力于与自然科学和社会科学的基础研究，主要研究领域包括：数学，物理，纳米技术和信息技术，系统动力工程、力学与控制，化学与材料，生物科学，地球科学，医学，农业科学，社会科学，历史及语言学。

截至2012年1月，俄罗斯科学院共有548个下属机构，其中包括432个科研机构和116个科研服务与后勤服务机构。2012年，全院职工总数116 322人，科研机构的工作人员为95 771人，其中48 315人为科研人员，科研人员中有10 126人具有科学博士学位，24 283人具有科学副博士学位①。

二、俄罗斯科学院使命与定位

俄罗斯科学院的主要使命包括：①在俄罗斯联邦开展旨在获取有关自然、社会、人类的新知识，以及促进俄罗斯技术、经济、社会和文化发展的基础科学研究与探索性研究；②向国家机构和组织提供科学咨询；③全面推动俄罗斯科学的发展；④传播科学知识，提高科学知识的权威性；⑤加强科学与教育的联系；⑥促进科技工作者的地位和社会保障的提高。

俄罗斯科学院的主要任务包括：①为国家科技政策的制定与实施提供建议；②审核大型的科技计划与项目；③参与组织、协调和实施由联邦预算支持的基础科学研究与探索性研究，参与俄罗斯联邦基础科学研究长期规划的研发与协同；④为国家机构和组织提供科学咨询和专家服务；⑤研究和分析国内外的科学成果，并为俄罗斯联邦使用这些成果提出建议；⑥加强与科技工作主体之间的科学联系和相互支持；⑦在发展科学的物质基础与社

① Российской академии наук. Доклад главного ученого секретаря Президиума РАН академика В.В.Костюка，http：//www.ras.ru/news/shownews.aspx?id=97bbd9d3-b3f0-46d8-a6e0-8366d1228231［2015-10-9］.

会基础、提升科学与教育的一体化水平、有效发挥基础科学的创新潜力、加强科学工作者的社会保障方面提供建议；⑧普及与宣传科学、科学知识和科技成果。

为完成以上主要任务，俄罗斯科学院：①受俄罗斯联邦权力执行部门的委托，审核大型的科技计划和项目，监督和评估与其无隶属关系的国立科研机构的成果，审核由联邦预算支持的科技工作成果；②参与制定和审议有关科技创新法规、知识产权保护法规的制定程序；③向俄罗斯联邦总统和政府提交关于俄罗斯联邦基础科学状况和俄罗斯科学家所取得的重大科学成果的报告；④提供有关基础科学研究与探索性研究优先发展方向的建议；⑤针对由科研机构和高等教育机构开展的基础科学研究与探索性研究的方向和预算支持力度，向俄罗斯联邦政府提供建议；⑥向国际科学联盟及其领导机构推荐俄罗斯科学家，参加其他国际科学组织，与其他国家的科学院、科研机构签署科技信息合作协议，参与组织和举办国际科学大会、研讨会、座谈会、进修班等；⑦开展编辑出版工作，包括发行和出版科学专著，创办与出版刊登俄罗斯科学家科研成果的学术期刊；⑧在重点的科技领域设立学术委员会、顾问委员会和协调委员会；⑨永久纪念杰出的科学家，设立和颁发表彰杰出科技成就的奖章与奖金，其中包括金质奖章和以杰出科学家命名的奖金，为青年学者和高校大学生设立含奖金的奖章；⑩设立并授予俄罗斯科学家与外国科学家的荣誉称号[①]。

2013 年 9 月，俄罗斯政府制定的《关于俄罗斯科学院、国家级科学院的重组及修订相关联邦法》经俄罗斯总统普京签署生效。普京同时签署了“关于联邦科研组织署”总统令，批准成立联邦科研组织署，并通过其启动国家级科学院系统的改革重组程序，将原俄罗斯医学科学院和原俄罗斯农业科学院并入俄罗斯科学院后，成立新的俄罗斯科学院，即“三院合一”。

2014 年 1 月，俄罗斯政府网公布了由原俄罗斯科学院、原俄罗斯医学科学院、原俄罗斯农业科学院“三院合一”后移交给联邦科研组织署的 1007 家下属机构清单，其中来自俄罗斯科学院、俄罗斯科学院远东分院、俄罗斯科学院西伯利亚分院、俄罗斯科学院乌拉尔分院、俄罗斯医学科学院、俄罗斯农业科学院的机构分别为 318 家、48 家、121 家、55 家、68 家和 397 家；从机构类型分，联邦国家预算机构为 826 家，联邦国有独资

① Государственная Дума Федерального Собрания Российской Федерации. О Российской академии наук， реорганизации государственных академий наук и внесении изменений в отдельные законодательные акты Российской Федерации，http：//asozd2.duma.gov.ru/main.nsf/（Spravka）?OpenAgent&RN=305828-6［2015-12-12］.

公司为 181 家[①]。

三、俄罗斯科学院运行机制

2013 年，原俄罗斯科学院、原俄罗斯医学科学院、原俄罗斯农业科学院重组为新的俄罗斯科学院，其运行机制如图 2-25 所示。

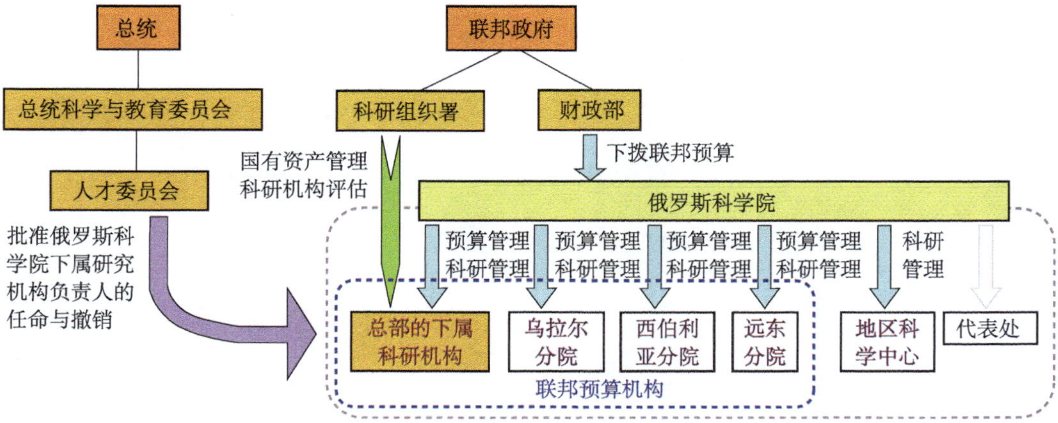

图2-25 重组改革后俄罗斯科学院的运行机制

俄罗斯政府希望通过“三院合一”，将三院的下属机构进行迁移、重组、关闭、裁员等改革，以减少科研机构和领域方向设置的交叉重复，重点支持那些符合联邦政府评估标准的科研机构，使得重组后的俄罗斯科学院所获得的人均联邦年度预算经费能够有所增加。

2013 年 10 月，俄罗斯政府网站公布了梅德韦杰夫签署的联邦科研组织署工作条例，并任命现任联邦财政部副部长科秋科夫担任该署署长。该署对俄罗斯科学院、俄罗斯医学科学院、俄罗斯农业科学院移交的国有资产行使所有权，负责任命其下属科研机构的负责人、对其下属科研机构的所有工作进行评估，评估过程中会参考由重组后的俄罗斯科学院对此类机构的科研活动所做出的评估结果。在成立、重组或关闭其下属科研机构、制订科研机构发展规划的问题上，该署必须征得重组后的俄罗斯科学院的同意。该署内部将成立科学协调委员会，负责协调该署与重组后的俄罗斯科学院之间的关系。协调委员会的成员均为知名学者，由联邦政府指定人员、俄罗斯科学院院士代表、科研机构推选代表，以及来自高校和高科技企业的代表组成。设署长 1 名、副署长 7 名，下设 18 个司[②]。

---

① Правительст во Российской Федерации. Об утверждении перечня организаций， подведомственных Федеральному агентству научных организаций. http：//government.ru/dep_news/9588［2014-2-24］.

② Правительст во Российской Федерации. О Федеральном агентстве научных организаций. http：//government.ru/docs/7778［2013-10-30］.

四、俄罗斯科学院组织管理体系

俄罗斯科学院的组织管理体系由全体大会、主席团、院长等几部分组成，其相互关系如图 2-26 所示。

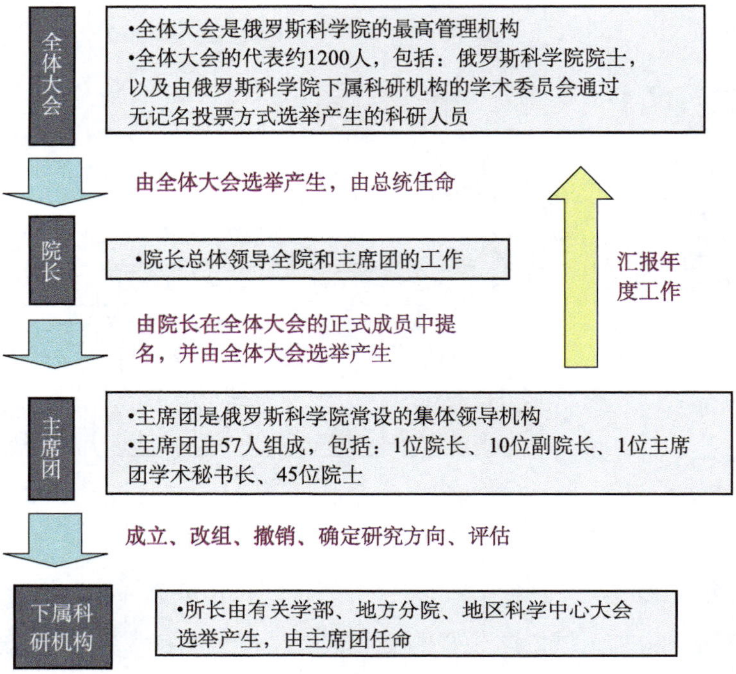

图2-26　俄罗斯科学院的组织管理体系

（一）全体大会

全体大会是俄罗斯科学院的最高管理机构，由根据本联邦法和俄罗斯科学院院章所选举产生的所有院士组成。

俄罗斯科学院全体大会的职责包括：①确定俄罗斯科学院的工作优先方向，以实现其组建的目的；②每年向俄罗斯联邦总统和政府提交有关俄罗斯联邦基础科学状况和俄罗斯科学家所取得的重大科学成果的报告，以及有关基础科学研究与探索性研究优先发展方向的建议；③针对由科研机构和高等教育机构开展的基础科学研究与探索性研究的方向和预算支持力度，接受并向俄罗斯联邦政府提交建议；④听取与讨论俄罗斯科学院各学部和各地方分院的报告；⑤根据本联邦法和俄罗斯科学院院章，选举俄罗斯科学院院士；⑥通过俄罗斯科学院院章，以及有关俄罗斯科学院学部、地方分院和代表处的规定，或对以上内容做出的修订；⑦组建俄罗斯科学院各学部；⑧通过建立俄罗斯科学院地方分院和代表处的决议；⑨选举俄罗斯科学院主席团、院长、副院长、主席团的学术秘书长、各学部的院士秘书；⑩起草有关俄罗斯科学院院士设置数量限制的提案，并提交至俄罗斯联邦政府审批。

（二）主席团

俄罗斯科学院主席团是俄罗斯科学院常设的集体执行机构。俄罗斯科学院主席团包括：俄罗斯科学院院长、副院长，以及根据俄罗斯科学院院章所规定的数量和程序由俄罗斯科学院全体大会选举产生的主席团成员。

俄罗斯科学院主席团的职责包括：①召开俄罗斯科学院全体大会会议；②批准受俄罗斯联邦权力执行部门委托的、对大型科技计划和项目的审核结果，以及对与其无隶属关系的国立科研机构成果的监督和评估结果；③批准由俄罗斯科学院院长对俄罗斯科学院地方分院和代表处负责人的任命；④批准本联邦法第 18 条第 11 款所涉及的科研机构负责人的候选人；⑤通过俄罗斯科学院参与国际组织的决议。

直接隶属于主席团的科研管理机构包括科研组织局等近 20 个部门，见图 2-27。以其中的科研组织局为例，该局又下设分析处、信息处、人文与社会科学处、国际科技与创新项目处、前景研究处、研发规划处、科教一体处、结构发展处、出口管制处、新闻处[①]。

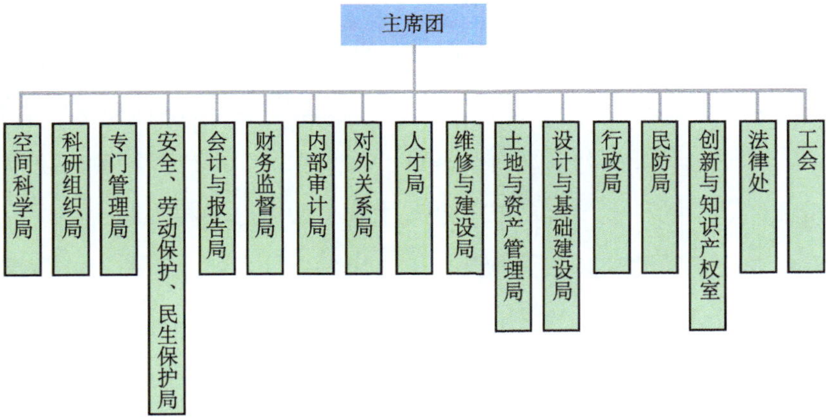

图2-27　俄罗斯科学院主席团的组织结构

（三）院长

俄罗斯科学院院长是俄罗斯科学院的个体执行机构。俄罗斯科学院院长从俄罗斯科学

① Российской академии наук. Структурные подразделения Президиума Российской академии наук. http：//www.ras.ru/presidium/presidiummachinery/structuralsubdivision.aspx?apd=23［2013-6-19］.

院院士中选举产生，每届任期为五年，最多连任两届。在五年的任期内，俄罗斯科学院院长履行职责直至选举产生新一届院长，但是不得超过任期届满后的六个月。

俄罗斯科学院院长的职责包括：①召开俄罗斯科学院主席团会议；②代表俄罗斯科学院；③与俄罗斯科学院主席团协商后，任命俄罗斯科学院地方分院和代表处的负责人，并授予任命书；④与俄罗斯科学院主席团协商后，向俄罗斯科学院全体大会提交俄罗斯科学院院章，以及有关俄罗斯科学院学部、地方分院和代表处的规定，或对以上内容做出的修订；⑤处理俄罗斯科学院日常管理工作中的其他问题。

（四）地方分院与代表处

按照俄罗斯科学院院章所规定的程序，并经俄罗斯科学院全体大会批准，俄罗斯科学院可以建立其地方分院和开设其代表处。如果在俄罗斯境内建立俄罗斯科学院地方分院和开设代表处，则必须遵守本联邦法和其他联邦法的规定。如果在俄罗斯境外，则必须遵守代表处所在国的法律，与俄罗斯联邦签订国际条约的除外。俄罗斯科学院的地方分院和代表处不属于法人实体，根据俄罗斯科学院全体大会通过的条例开展工作。与俄罗斯科学院主席团协商后，由俄罗斯科学院院长任命地方分院和代表处的负责人，其按照相关规定履行职责。

截至 2015 年，俄罗斯科学院共设立远东分院、西伯利亚分院、乌拉尔分院三个分院。2014 年 7 月，俄罗斯科学院设立重组改革后的首个代表处——克里米亚代表处，该院希望此举能够有助于克里米亚约 100 家开展基础科学研究的机构更快地融入俄罗斯的科研体系，以改善当地的科研条件[①]。2015 年 11 月，俄罗斯科学院与法国尼斯市政府签署合作协议，并计划在法国索菲亚・安蒂波利斯高科技园区开设该院首个海外办事处。该办事处的主要任务是在尼斯市建设国际科学平台，以开展双边和多边国际科技合作，并进一步促进俄罗斯科学院与索菲亚・安蒂波利斯高科技园区多年来的合作研究，合作形式包括实施国际合作项目、举办有各国科学家参与的国际研讨会。该办事处由法国尼斯市提供建筑空间，是为期五年的试点项目，协议期满后有可能继续延长期限[②]。

（五）专业学部

截至 2015 年，俄罗斯科学院共设 13 个专业学部：数学学部，物理学部，纳米技术和信息技术学部，能源、机械制造、力学与控制过程学部，化学与材料科学学部，生物学学

---

① Российской академии наук. Российская академия наук открывает представительство в Крыму. http：//www.ras.ru/news/shownews.aspx?id=9076d45c-0c09-41d0-b8c1-8437e28baf6a#content［2014-12-3］.

② Российской академии наук. Во Франции откроют представительство РАН. http：//www.ras.ru/news/shownews.aspx?id=eca26791-5284-495c-a779-9bcaa03446cf#content［2015-12-20］.

部，生理学学部，地球科学学部，农业科学学部，医学学部，社会科学学部，历史与语言文学学部，全球问题与国际关系学部。

俄罗斯科学院的专业学部负责研究确定相关科学领域基础研究的主要方向，协调各学部所涉及的科研机构的科研工作，分析国内外研究现状和发展趋势，领导学部下属机构学术委员会、学术团体的活动，促进研究所发展的物质基础，发展与科研机构、部委和高校科学家之间的联系，发展国际科学合作。

重组改革后，俄罗斯科学院在组织架构、院士制度、学科布局、经费保障、拨款方式、国有资产管理、院长任期、研究所管理归属、研究所负责人任免、研究所评估等方面均将有明显变化（表 2-7）。

表 2-7 俄罗斯科学院重组改革前后的变化

类别	重组改革前	重组改革后
组织架构	包括俄罗斯科学院、地方分院、地区科学中心	包括俄罗斯科学院、地方分院、地区科学中心、代表处
学科布局	针对自然科学、技术科学、人文和社会科学领域的关键问题开展基础研究和应用研究	开展和协调俄罗斯联邦的自然科学、技术科学、医学、农业、人文和社会科学等重点领域的基础科学研究和探索性研究
经费保障	俄罗斯科学院、三个地方分院的预算经费在年度联邦预算中分别单独列支	地方分院的预算经费包含在俄罗斯科学院的总经费中，由俄罗斯科学院分块下拨给三个地方分院
拨款方式	经费来源于联邦预算拨款，以及不被俄罗斯联邦法律所禁止的其他经费来源（目前，俄罗斯科学院预算外资金约占其总经费的 30%，属于“差额拨款”方式）	经费只来源于联邦预算拨款（属于“全额拨款”方式）
国有资产管理	俄罗斯科学院及其下属机构对划拨给其的国有资产享有所有权、使用权和支配权，有权出租其闲置的国有资产	联邦政府特别授权联邦科研机构署享有对分配给俄罗斯科学院科研机构国有资产的所有权，该署有权依据相关规定管理科研机构的国有资产
院长任期	任期五年	每届任期为五年，最多连任两届
院士年度书面总结	（无相关内容）	按照俄罗斯科学院院章所规定的制度，每年提交个人年度科研工作书面总结和当年所取得的科研成果书面总结
研究所的管理归属	俄罗斯科学院有权管理自己的活动，有权建立、重组和撤销其下属机构	原俄罗斯科学院（除地方分院及其下属机构）、原俄罗斯医学科学院、原俄罗斯农业科学院的科研机构将被移交给联邦科研机构署进行管辖
研究所负责人的任免	俄罗斯科学院有权任免其下属机构的负责人	俄罗斯科学院下属科研机构的负责人应由所在科研机构在俄罗斯科学院主席团同意的候选人中选举产生，并由总统科学与教育委员会下设的人才委员会批准，然后由联邦科研机构署任命
研究所评估	俄罗斯科学院考评委员会负责制定评估指标和全院研究所的评估	由联邦科研机构署对其下属科研机构的所有工作进行评估（评估过程中会参考由重组后的俄罗斯科学院对此类机构的科研活动所做出的评估结果）

五、俄罗斯科学院科研机构分类重组

（一）分类定位

原俄罗斯科学院、原俄罗斯农业科学院、原俄罗斯医学科学院参与重组的科研机构共 732 所，员工 14.1 万人，其中科研人员 7.9 万人[①]，重组方案详细分析了以上科研机构在人员、经费、设备、不动产、科研地位等方面的总体情况与问题，并阐述了对科研机构进行结构性重组的总体设想——将现有的科研机构重组为国立科研机构、联邦研究中心、联邦科学中心、地方科学中心、高等人文与社会科学科研机构、联合科研基础设施中心等几种类型，并介绍了每种机构类型的定位与作用，以及未来的多种科研合作形式，见表 2-8。

表 2-8　俄罗斯科学院科研机构的分类重组定位

机构类型	定位与作用
国立科研机构	面向基础科学前沿，以同领域国内外公认的现有知名科研机构为基础，其研究所积累的数据、假设和理论对认识世界的构成和人类生命提供新的理念，为实现未来的应用与开发研究提供新的机会
联邦研究中心	依托独特的科研基础设施和大科学装置，在国家战略领域和优先的科技方向上开展突破性研究和实验开发，为巩固俄罗斯基础的经济部门的长期国际竞争力、促进具有国际优势的地区快速发展、保障俄罗斯战略性经济行业的竞争优势等提供科学保障。其研究方向有多学科、跨学科交叉的特点，相关的科技研发项目应该在机构内部的统一研发计划框架下开展合作与协调
联邦科学中心	侧重应用研究与开发，主要任务是为即将投入批量生产的关键新技术、突破性的技术解决方案提供科研支撑，并侧重于推动研发成果的商业化。原型开发、小试、中试的能力对于组建此类机构至关重要
地方科学中心	面向地区经济发展，以解决区域层面问题的多个科研机构为基础，并与高等教育机构、企业、地方政府、当地的创新基础设施等构成区域创新系统，开发所在地区的人才潜能，促进当地相关的国民经济行业和产业的综合发展
高等人文与社会科学研究机构	在人文科学、社会政治学、哲学、历史学等领域对突出的社会问题与社会过程开展研究，并为政府部门提供专家分析支撑
联合科研基础设施中心	为科研机构提供更系统、更深层次的信息保障，在科技预测领域建设全国统一的专家系统与规划，包括科学图书馆、信息分析中心、科技预测中心等

俄罗斯科学院科研机构的重组改革首先从以上六类机构中的联邦研究中心、联邦科学中心和地方科学中心开始启动试点工作，试点项目所属的学科领域均为俄罗斯联邦政府计

---

① Федеральное агентство научных организаций. Проект плана реструктуризации научных организаций. http：//fano.crowdexpert.ru/structurisation［2015-4-29］.

划大力发展的能源、化工技术、信息技术、农业等领域。每个试点项目都成立了相应的项目工作组，并详细规定了项目工作组的职能与构成，以及项目实施的流程①。

第一家联邦研究中心于 2015 年 2 月开始组建。该中心以原俄罗斯科学院信息问题研究所为基础，合并了原俄罗斯科学院系统分析研究所、原俄罗斯科学院达罗德尼岑计算中心，并组建信息与管理联邦研究中心。根据由俄罗斯科学院批准、由联邦科研组织署核准的该中心发展规划，该中心将在数学、数学建模、信息技术等领域开展基础研究和应用研究，主要工作是开发国产软件与硬件，以分析处理数据流，以及包括不同性质的非结构化数据和半结构化数据在内的大数据，并供国家信息安全部门和从事语音识别、文字识别的机构使用②。

（二）管理机制

由俄罗斯联邦科研组织署负责对重组后的科研机构的国有资产、联邦预算、科研人才、科研评估进行管理，由俄罗斯科学院及其该院的相关学部对科研机构的科研规划、科学方法论进行指导。联邦政府还为重组改革工作提供了一系列配套措施，包括：监管与组织方面的支持、教育与咨询方面的支持、经费支持、智力资源和科研基础设施整合的协调。

以生物技术基本原理联邦研究中心为例，在合并了原俄罗斯科学院生物工程研究所、巴赫生物化学研究所、维诺格拉德斯基微生物研究所以后，该中心成为一个新的法人实体，并组建了新的理事会、监事会、学术委员会、会计室、库房、规划室、信息技术服务处、人事处等部门，对下属三个科研机构的相关事务进行统筹管理与服务，见图 2-28。

被重组的三个科研机构则丧失了原有的法人地位，演变为该中心的下属分支机构，但仍保留各自原有的名称、科学委员会、学位委员会、设备共享中心、会计室、规划室等部门，以及各自有优势的科研方向。被重组的三个科研机构可以自行制订各自的科研计划，但是必须遵循该中心的整体发展战略，在联邦财政部不再拥有独立的账户，而是由该中心分别为它们提供独立的经费资助。

---

① Федеральное агентство научных организаций. Проект плана реструктуризации научных организаций. http：//fano.crowdexpert.ru/structurisation［2015-4-29］.

② Федеральное агентство научных организаций. ФАНО России приступило к структурным преобразованиям подведомственной сети научных организаций. http：//fano.gov.ru/ru/official/news/index.php?id_4=24442&from_4=8［2015-4-29］.

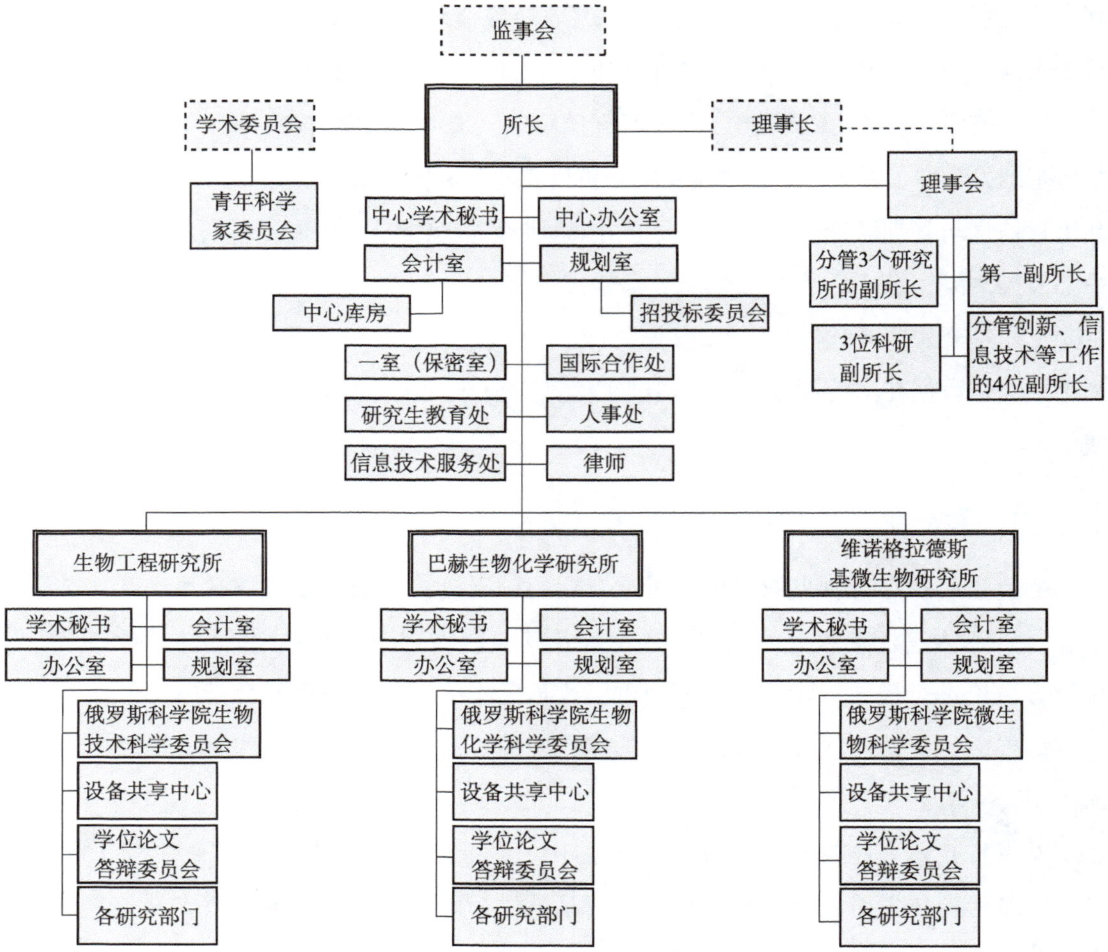

图2-28　重组后的生物技术基本原理联邦研究中心组织架构

六、俄罗斯科学院人员管理制度

（一）院士管理

俄罗斯科学院院士包括院士、外籍院士两类。院士的数量由俄罗斯联邦政府根据俄罗斯科学院全体大会的建议而确定。俄罗斯科学院院士由俄罗斯科学院全体大会根据本联邦法及俄罗斯科学院院章所规定的程序和条件选举产生，候选科学家应为俄罗斯公民，且取得了杰出的科学成就。俄罗斯科学院外籍院士的选举程序和选举条件由俄罗斯科学院院章规定。俄罗斯科学院院士在参加俄罗斯科学院全体大会时享有对大会权限范围内所有问题的表决权。俄罗斯科学院外籍院士有权参加俄罗斯科学院全体大会会议，并享有发言权。

由俄罗斯科学院向俄罗斯科学院院士发放院士津贴，其标准由俄罗斯联邦政府确定，从授予俄罗斯科学院院士称号起终身享受。

俄罗斯科学院院士的权利包括：①根据本联邦法所规定的制度和俄罗斯科学院院章，参与俄罗斯科学院的管理；②在俄罗斯科学院管理机构的选举中拥有选举权和被选举权；③按照俄罗斯科学院院章所规定的制度，获取俄罗斯科学院工作的信息；④获得俄罗斯科学院的院士津贴；⑤根据本联邦法和其他联邦法所享有的其他权利。

俄罗斯科学院院士的义务包括：①积极参与执行委托给俄罗斯科学院的任务，为实现任务目标而做出贡献；②参加俄罗斯科学院全体大会的会议；③在俄罗斯科学院管理机构的选举中，以适当的形式行使权力和履行义务；④遵守俄罗斯科学院院章；⑤遵守科学伦理规范，以身作则地促进科学的权威性、俄罗斯科学院院士称号权威性的提高；⑥按照俄罗斯科学院院章所规定的制度，每年提交个人年度科研工作书面总结和当年所取得的科研成果书面总结，由各学部汇总提交给该院主席团。

（二）科研机构负责人遴选

俄罗斯科学院重组前，其下属科研机构的负责人是由各学部或地区分院全体大会无记名投票选出的。为使提名推荐渠道更加多元化、遴选过程更加公开透明，2014 年 6 月，俄罗斯政府公布了总理签署的关于联邦科研组织署下属科研机构负责人遴选流程的新规定，主要改革包括：①提名：可通过科研机构学术委员会、俄罗斯科学院各学部、三名以上俄罗斯科学院院士、总统科学与教育委员会主席团、联邦科研组织署等五种途径提名。②协调：在候选人向联邦科研组织署递交竞选资料后，该署与俄罗斯科学院主席团开展候选人的协调工作，俄罗斯科学院主席团在 10 日之内对所有候选人给出是否同意的决定。③审批：在收到同意决定 3 日内，该署应在其官网公布入选和落选候选人的资料，并将两名以上入选候选人的资料递交给总统科学与教育委员会下属的人才问题委员会审批，该委员会在对候选人做出是否批准的决定后 3 日内应将结果反馈给联邦科研组织署，在其官网公布审批结果，并将结果反馈给科研机构。④选举：各研究机构应根据自己的章程在此轮候选人中选举其负责人[①]。

七、俄罗斯科学院监督与评估

俄罗斯科学院主席团负责监督俄罗斯科学院各机构和领导人遵守俄罗斯科学院章程的情况，监督俄罗斯科学院内俄罗斯联邦法律所规定的保护国家、公务和商业秘密义务的执

---

① Правительст во Российской Федерации. Об утверждении Положения о порядке и сроках согласования и утверждения кандидатур на должность руководителя научной организации， переданной в ведение ФАНО России. http：//government.ru/dep_news/13071［2014-12-20］.

行情况。

2010 年 4 月，俄罗斯科学院科学机构效率评定委员会正式成立[①]。2010 年 10 月，出台了《俄罗斯科学院科学机构效率评定委员会工作条例》[②]、《俄罗斯科学院科学机构效率评定方法》[③] 和《俄罗斯科学院科学机构效率评定方法指标》[④]。

俄罗斯科学院分院和科学院主席团定期（不少于 5 年一次）对下属研究所的工作进行检查（包括科学鉴定），检查由有关学部或科学院主席团组织，必要时也可邀请外国专家参加。根据检查和鉴定结果，可以提出改组或撤销研究所的建议。

在重组改革以后，俄罗斯科学院受俄罗斯联邦权力执行部门的委托，还负责审核国家大型的科技计划和项目的实施，监督和评估与其无隶属关系的国立科研机构的成果，审核由联邦预算支持的科技工作成果。

（任　真 执笔）

---

① Российской академии наук. О создании Комиссии по оценке результативности деятельности организаций РАН. http：//www.ras.ru/presidium/documents/directions.aspx?ID=e655c31e-51ea-4f15-916f-88ef53035855［2013-4-30］.

② Российской академии наук. Положение о Комиссии по оценке результативности деятельности научных организаций Российской академии наук. http：//www.ras.ru/presidium/documents/directions.aspx?ID=9767952e-4821-4510-89d6-5f678677066d&print=1［2011-1-12］.

③ Российской академии наук. МЕТОДИКА оценки результативности деятельности научных организаций Российской академии наук. http：//www.ras.ru/presidium/documents/directions.aspx?ID=9767952e-4821-4510-89d6-5f678677066d&print=1［2011-1-12］.

④ Российской академии наук. ПОКАЗАТЕЛИ оценки результативности на учных организаций Российской академии наук. http：//www.ras.ru/presidium/documents/directions.aspx?ID=9767952e-4821-4510-89d6-5f678677066d&print=1［2011-1-12］.

以应用研究为主的科研机构业务管理模式

第三章

第一节　日本产业技术综合研究所

一 、日本产业技术综合研究所基本概况

产业技术综合研究所（National Institute of Advanced Industrial Science and Technology，AIST）前身为工业技术研究院。最早历史可以追溯到1882年的地质调查所，这一时期是日本工业领域研究机构的初创阶段。1945年后，日本将地质调查所改称为地下资源调查所。1948年设立通商工业省工业技术厅，地下资源调查所又改称地质调查所。1949年通商产业省设立矿业技术试验研究所。1952年通商产业省工业技术厅被改为工业技术院，至此，以工业技术研究院为中心的研究组织体系构成了日本国立产业研究架构。工业技术院是日本最有实力的产业技术研究机构，它为日本战后的重建、产业技术的振兴起到了极其重要的作用。工业技术院所掌握的技术是日本产业技术的核心和基础，代表着日本科技的最高水平。其成果包括超精密的计量仪器、先进的复合材料、纳米级的检测技术、超导计算机、超并行计算机等。这些研究成果具有世界先进水平。

由于工业技术研究院隶属于政府部门，员工均为公务员身份，在体制上存在不少弊端，如资金和人员分散、研究课题重复等。为此，为推行改革引入竞争和流动机制，提高研究机构的灵活性和竞争性，2001年4月，经济产业省对工业技术院进行了重组，将该院所属15个具有独立法人的研究所合并为一个独立法人机构——产业技术综合研究所。科研人员的公务员身份随之消失①。AIST是日本最大的公共研究机构，直属经济

① 独立行政法人産業技術総合研究所. 沿革2012. http：//www.aist.go.jp/aist_j/information/history/history.html［2012-9-3］.

产业省。转型后，改为理事制。AIST 作为一线研究机构，除了强化与产业接轨，还致力于建立日本的技术基础建设，发展高风险、高难度、跨领域的产业技术及创新所需的关键技术。

改革后，原工业技术院承担的技术政策规划职能并入经济产业省产业技术环境局，新组建的 AIST 通过面向全球招聘学科带头人，改革人事管理和科研经费预算制度，进一步开展国际合作等措施，广泛开展各领域理论和应用研究，强调多学科交叉与融合，开拓新的研究领域，承担起国家基础和共性产业技术的研究开发和扩散的功能。

目前，AIST 总部设在东京，拥有福岛再生能源、筑波创新纳米技术、东京临海生命与信息三个研究基地，北海道、东北、中部、关西、四国和九州等七个研究中心，以及 38 个研究单元。截至 2015 年员工约 1.4 万名，其中包括客座研究员、博士后企业及海外的研究人员，为研究所带来了生机和活力。政府部门对 AIST 经费支持也充分体现了其政府研究机构的定位。政府将经费直接投入到环境、能源等长期研究领域以及涉及技术的基础建设项目，而对旨在增强企业竞争力及新产业开发能力的，则由研究机构自行与企业进行合作开发，国家只是投入部分经费作为引导，这样新产业研究机构的研究方向与企业的需求紧密契合，促进了技术成果产业化。2014 年政府年度经费 1200 亿日元，约 80% 来自政府，20% 来源于委托研究、横向经费及专利收入①。

2015 年 4 月 1 日，日本政府从 31 家国立研究开发法人机构中遴选出 AIST 作为特定国立研究开发法人机构，旨在进一步发挥杰出国立科研机构的战略力量，满足日本经济社会发展需求。

AIST 在日本产业技术发展中扮演着重要的角色，对于开创新兴产业、提升产业技术能力有着不可替代的作用。研究其现行组织结构和运行机制，对我国共性研发机构的建设具有一定启示意义。

二、日本产业技术综合研究所使命与定位

（一）使命

AIST 的重要使命是推动日本产业技术的升级、创造新产业，以及构建知识基础，最终促进经济发展和国民生活水平的不断提高②。为此，AIST 需要选择未来产业技术共通的、

---

① 独立行政法人産業技術総合研究所. 産総研レポート2015. http：//www.aist.go.jp/aist_j/aistinfo/aist_report/intent.html［2015-9-3］.

② 独立行政法人産業技術総合研究所. 憲章の趣旨2012. http：//www.aist.go.jp/aist_j/information/charter/charter.html［2012-9-3］.

基础性的研究课题，推动创造性、高水平的科学技术研究及相关成果普及，加强地方产业的竞争力，加强同地方产业界、大学、公共机构的合作。

（二）定位

为完成其使命，AIST 将研究方向定位为：①为社会可持续发展做贡献（在战略上从事能够提供高质量、安全和健康的生活相关的研究开发，使人与自然和谐共存）；②为提升产业竞争力做贡献（通过增强其创新中心的作用在产业技术方面的创新来转变日本的产业结构和增强产业竞争力）；③为地方产业的发展做贡献（利用地方的技术资源从事国际水平的研究开发工作，通过加强地方产业、学术界和政府的合作促进当地工业技术发展）；④为产业技术政策做贡献（通过了解和分析工业技术环境，确立要研究和发展的问题提交给日本政府，并提出中长期产业技术战略政策）[①]。

同时，为了适应多样性且变化迅速的社会经济需求，打破个别科学领域的界限，推进学科交叉领域的研究，将旨在发现和探明新知识的研究称为第 1 种基础研究，将在不同领域进行广泛选择、融合、适用的研究作为第 2 种基础研究（图 3-1）。AIST 所有的研究单元是针对基于具体方案的具体研究课题，确定不同领域的研究人员都广泛参与的综合研究体制。以第 2 种基础研究为轴，推进从第 1 种基础研究到产品开发的连续研究作为组织运营的核心。AIST 在国家创新体系中，为大学、产业界、政府部门的合作发挥着桥梁作用。

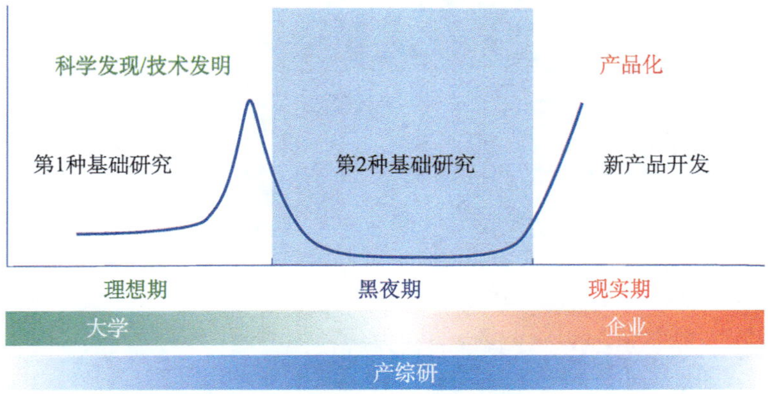

图3-1　AIST的研究对象与范围

① 独立行政法人産業技術総合研究所. 憲章の趣旨2012. http：//www.aist.go.jp/aist_j/information/charter/charter.html［2012-9-3］.

三、日本产业技术综合研究所管理体系

（一）组织结构

AIST 组织架构的最高层是理事长、监事，同时设有副理事长、理事等组成的理事会。理事长是法人代表，总体管理研究所业务，监事负责业务监察，理事长及监事都由主管大臣任命。组成的理事会如图 3-2 所示①。

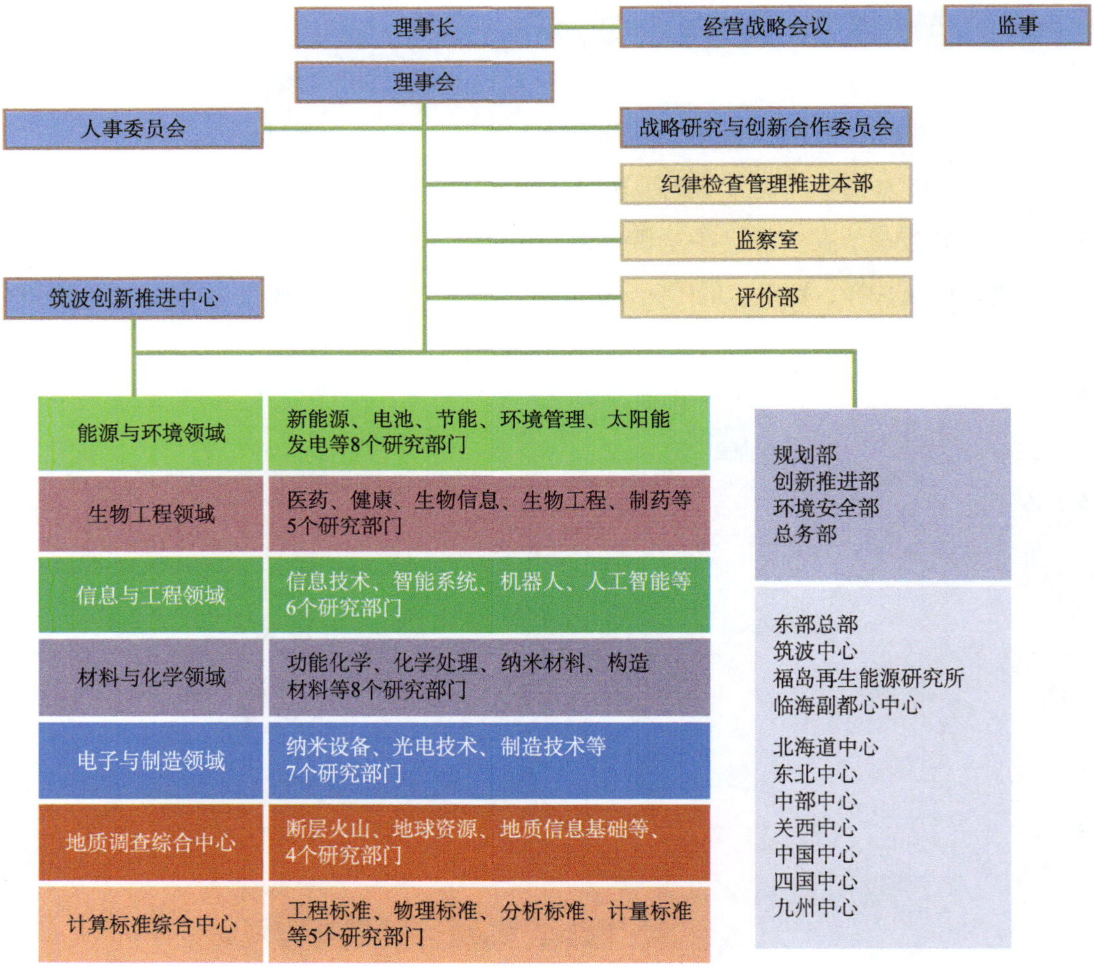

图3-2 AIST组织结构

理事长之下，研究组织架构包括研究管理部门及研究部门。研究管理部门负责研究机

① 独立行政法人産業技術総合研究所. 産総研の概要 2015. http：//www.aist.go.jp/digbook/aist_report/2015/#page=13［2015-12-23］.

构自身的管理与运作，包括理事长直属部门、监事直属部门及普通管理部门。理事长直属部门有规划部、创新推进部、评估部、环境安全部（表 3-1）。监事的直属部门包括监察办公室等。

表 3-1　理事长直属职能部门设置及功能

部　门	职　能
规划部	负责辅助理事长，策划研究所综合经营方针及研究方针，并对研究所业务的实施进行综合调整
创新推进部	负责辅助理事长进行业务效率化方针的规划、立案及实施
评估部	负责辅助理事长进行对研究所组织整体及研究实施部门的评估
环境安全部	负责设施及设备计划、建设与管理，以及共同研究设备和资源供给设施的运作等

普通管理部门包括业务推进部门、能力开发部门、财务会计部门及研究环境整备部门。研究相关部门是支撑研究实施的组织，包括计划部、产学研合作部、成果普及部、国际部等组织。他们的重要职能是扩大研究所的开放性，加强对外交流和合作。

（二）实行理事会管理制度

AIST 实行理事会决策、监事会监督、院所负责日常管理的领导体制。理事会的职责主要包括确定科研方向、审议预算和经费分配方案、审议年度工作报告、任免院所领导，以及其他重大问题的决策，监事会负责监督决策的执行。在人事管理方面，突破固定人员额的编制限制，具备更大的自主权和开放性。研究人员由本国的研究人员和外国研究人员构成，实行人员聘任制、能力薪金制度、外界专家评估制、加强同外部的交流与合作等一系列机制，以提高研究人员的积极性，见图 3-3。

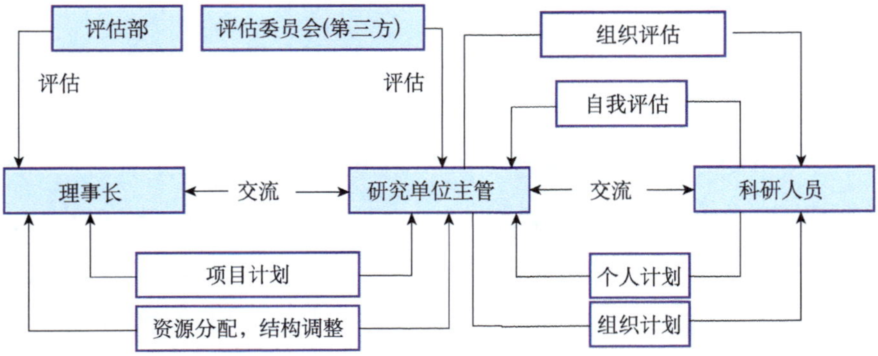

图3-3　AIST的自主管理模式

AIST 重视开放性的人员合作研究，加强对外人才交流合作，大量引进博士后研究员及企业的研究人员，以充分吸收具有不同技术背景和文化背景的研究人员的协同合作。 研究管理人员及职员由理事长任命；研究人员由本国的研究人员和外国研究人员构成；为提高研究人员的积极性，实行科研人员任期制、能力薪金制度、外国专家评估制度、对成绩优异者给予重奖；加强同外部的交流与合作；在经费管理方面，经费可以跨年度使用，有利于集中资金于重要研究计划[①]。

理事长和研究单位主管之间的直接交流：每年研究单位主管需在和理事长直接沟通后递交项目研究计划；研究主管有充分自主权，其绩效由内外评估部门评价；研究单位设置可依据研究战略进行调整，包括研究单位的终止、合并或新建；研究单位研究员同主管直接交流，制订研究目标和计划，每年终期递交个人评估报告以备参考。

四、日本产业技术综合研究所研究体系

（一）研究实施部门

研究实施部门主要负责开展具体的科研工作。AIST 按照任务属性，采用不同的人员规模及经营方针，将研究单元分为三类。

研究中心：具有明确战略目标和一定时限（通常是 3 ～ 7 年）。以不断优先投入的研究资源（预算、人员等）推进集中而时限性强的先导性研究，提出能对学术界、产业界和社会产生很大影响的、任务明确的战略性课题。对 AIST 的资源如预算、人力资源等具有优先使用权，中心主任全权负责中心运营，按照自上而下的方式进行管理。研发实施部成立时设置了 23 个中心，其中 12 个从国内外大学、产业界等招聘中心主任。

研究部：具有长期目标、不受具体时间限制，其目标是保持连续性的研究。主要任务是保持 AIST 的技术和不断开拓新的技术领域。各研究部门有内部研究人员 50 ～ 100 人，还有外部研究人员。研究实施部成立时设立了 22 个研究部。

研究室：相对短时效性强的研究实验室。目的是促进行动的具体研究计划，特别是跨学科领域的项目。研究措施和主要目标旨在满足政府急需的课题研究。

这些不同类型的研究部门设置体现了 AIST 组织结构灵活开放、针对性强的特点。例如，设立了纳米技术、超临界流体、新碳材料、生命信息科学等 23 个研究中心，聘用的研究人员精干、年富力强。负责人大约有一半从外部聘任。中长期和基础性的研发课题则由 22 个研究部承担，如计量标准研究部、光技术研究部、脑神经研究部、纳米技术研究部和智能系统研究部等。

研究关联部门是为研究实施部门提供支撑的机构，包括技术情报、国际事务、公共关

---

① 独立行政法人産業技術総合研究所. 産総研の概要 2014. http：//www.aist.go.jp/aist_j/aistinfo/aist_link/index.html［2014-12-6］.

系、产学官合作、成果普及等，其重要职责是扩大 AIST 的开放性，加强对内和对外的交流与合作①。

（二）领域布局与发展重点

AIST 的研究领域非常广泛，涵盖了生命科学和生物技术、纳米技术和材料制造等领域。作为提供公共检测与服务的政府研究机构，更多集中于涉及公众安全、健康、环保等公共产品及技术研究的公益性领域。在技术研发方面，AIST 始终专注于产业技术发展的前沿领域，首先是能源、生态、环境等政府支持的长期性计划，其次也包括资源、测量标准、地质研究等基础性的共性技术，同时也包括生命科学、材料纳米科技、制造机械等提升国际竞争力、创造新产业技术的关键性产业共性技术。

为完成其肩负的使命，AIST 的研究方向主要包括三个方面：工业尖端研究（以创造具有国际竞争力的新兴产业为目标，通过广泛的探索和领域融合推进技术创新）；长期性政策的研究（为推进适应政府需求或预见将来国家有发展必要的长期性产业技术政策的制定与实施而进行的研究）；基础科学研究（为了提高自身的技术含量，按照自身承担的责任而进行的基础研究）②。

AIST 的研究领域主要有能源与环境、生物工程、信息与工程、材料与化学、电子与制造、地质调查及计量标准技术七个领域，其相应重点研究方向见表 3-2。其中 AIST 的计量与测量技术研究领域实际上具有与美国标准技术研究院相类似的职能，主要从事国家测试测量和标准化技术研究。③。

表 3-2　AIST 主要研究领域和重点研究方向

主要研究领域	优先研究方向
能源与环境	环保技术：开发新的有害物质分解 / 解毒反应工艺、在线分离 / 浓缩工艺和环境友好型替代物质 能源技术：发展分布式能源（包括可再生能源）、洁净煤技术和生物质燃料等以及相关应用技术 系统评价技术：建立资源 / 能源利用率和有害物质的风险评估方法，为全球气候变暖对策制定评价方法
生物工程	早期预防、医疗诊断技术开发，精密诊断及再生医疗开发，人类机能评价、机能恢复技术开发及健康寿命延长实现，生物机能产品开发及高功能产品开发，医学装备和设施开发等高速大容量信息技术、安全与可靠性、智能技术、网络技术、先进信息技术应用等
材料与化学	纳米材料、纳米度量学、结构纳米技术、高品质高速的节能工艺技术、节能材料

① 独立行政法人産業技術総合研究所. 総合パンフレット. http：//www.aist.go.jp/aist_j/aistinfo/aistinfo.html l［2014-12-6］.

② 独立行政法人産業技術総合研究所. 産総研の概要. http：//www.aist.go.jp/aist_j/information/organization/organization_main.html［2001-9-3］.

③ 独立行政法人産業技術総合研究所. 産総研の概要. http：//www.aist.go.jp/aist_j/information/organization/organization_main.html［2012-10-5］.

续表

主要研究领域	优先研究方向
电子与制造	纳米设备、光电技术、制造技术、数字智能等
地质调查	断层火山、国土安全、基础地质情报、地球环境变化和保护机制、资源能源稳定供给等
计量标准	工程计测标准、物理计测标准、物质计测标准、计量计测标准等

资料来源：作者根据AIST网站信息综合整理，详见http：//www.aist.go.jp［2008-12-13］

AIST 研究方向确定过程包括：采用前景预测法进行技术预测，分析政府、产业和社会的需求，选择最优结果，初步形成研究主题；战略目标和研究主题由产业界和经济产业省高层讨论，由上而下确定，AIST 的技术预测分析结果在此应和产业需求相适应；目标研究主题通过 AIST 上层管理人员和员工之间的讨论达成共识；研究方向和项目互联网公示，外界参与。

五、日本产业技术综合研究所管理模式

（一）评估机制

AIST 正在对科研管理和科技评价工作进行突破性变革，试图建立一个更科学的评价体系和评价方法，使其不仅可以评价出优秀的科研成果，还能从中找出研发活动中的不足。

首先，经济产业部的评价委员会对产业技术综合研究所的整个机构进行评价，经济产业省根据评价结果来决定这个机构是否撤并和续存。同时，每年还要分别对研究所、研究中心和研究员进行评价，根据评价结果对研究所的发展和研究人员的薪水、职位进行调整。

有关主管部委设置评价委员会，对独立行政法人的业务进行评价。评价结果将反映在下一年度计划、下一个中期目标、下一个中期计划、领导和职员的待遇等方面。评价委员会的委员从外部有识者中选拔，由主管大臣和总务大臣任命。经济产业省成立了由专家学者、产业界人士等组成的评价委员会。由内部和外部委员组成的评估委员会根据合同进行评估（评估体制见图 3-4）。这个评价委员会分为两层，第一层是评价经济产业省下属的所有独立行政法人，第二层是专门评价综合研究所[①]。

评价流程包括：由经济产业部的评价委员会对产业技术综合研究院的整个机构进行评

① 独立行政法人産業技術総合研究所. 産総研レポート2010. http：//www.aist.go.jp/aist_j/aistinfo/aist_report/intent.html［2009-5-17］.

价，经济产业省根据评价结果来决定这个机构是否撤并。总经费在改革前后数量基本是一样的，但以后将逐步减少；研究所请一些外部和本部门的人对研究院内部的中心和部门进行评价，评价中要区分不同性质的研究工作。对研究人员的评价结果要和工资进行挂钩，前两年与评价和工资挂钩，第三年和晋升挂钩。

AIST构建了比较完整的科技评价体系和方法。在对下属各研究部门的运作和管理上，采取了理事长与各研究部门主任的一对一的合同目标管理。这种契约型的管理模式中，研究所认可下属各研究部门有一定的科研选择自由，但是纳入研究所评估范围，成为评估对象。对研究人员个人的评估，则由各研究部门负责实施，评估内容包括：在国内外专业学会发表学术报告的情况、研究成果申报专利的情况、参与对外合作研究的情况，以及内部人员合作与互助的情况等。

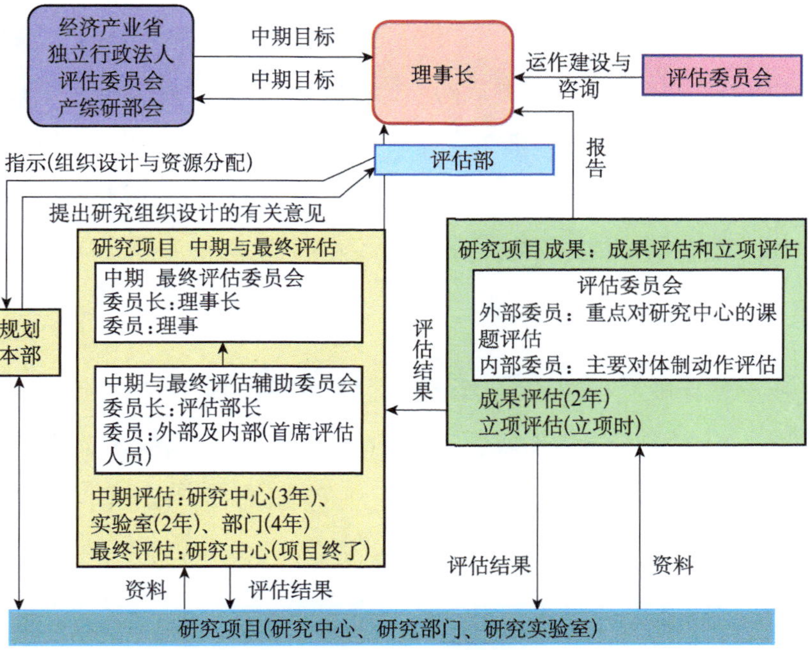

图3-4　AIST的评估体制

（二）研究系统网络化、国际化

AIST注重官产学研部门之间的网络构建，充分利用国内外研发资源，与国内外大学、企业开展共同研究。充分利用大学丰富的智力资源，吸纳博士生、博士后，也为优秀后备人才培养提供平台。

AIST强调技术研究开发效率，不仅强调各研究单位致力于各自的研究领域开发，还鼓励彼此间横向整合与纵向合作。强调机动性能力，重视培养研究单位快速应对政府或产业需求的能力。积极与国内外大学、研究机构合作，推动组织的开放性建设，主要方式包括：共同研究、研究员交换、聘请大学教授做研究中心主管等。

目前，AIST 同麻省理工学院、斯坦福大学、剑桥大学等大学，以及法国科研中心、美国国家标准与技术研究院、中国科学院等研究机构建立了共同研究关系。

（三）人事制度

在人事管理方面，研究管理人员及职员由理事长任命。为提高研究人员的积极性，AIST 实行了科研人员任期制、能力薪酬制度、外界专家评估制度等一系列新机制。

突破固定人员名额的限制，具备很大的自主权。AIST 重视开放性的人员合作，积极推进具有不同技术背景的研究人员进行协调合作。还加强对外人才的交流合作，聘用国外研究人员及加强同国内外学术界、产业界之间的联系，这一灵活的用人机制对促进研究交流、技术创新及青年研究人员的培养发挥了积极作用。

可以看出，AIST 构建了国内外开放的环境和机动灵活的机制、确立了战略性和开放性的研究体制，促进了具有不同技术背景研究人员的动态协调合作，推进了跨学科领域研究，从而使其在未来很多方面具备竞争优势。AIST 正在发展为一流研究机构，努力改变以前国立研究机构的强制性的行政组织管理运营模式，提高其效益和质量。

（四）技术转移转化制度

AIST 加强与政府和大学、研究机构的沟通协调，专门设置“官产学研协调员”职位，职责是与产业界、大学等保持密切联系，把握需求和动态，开展与日本创新体系其他单元协同合作。AIST 专门负责技术成果推广。成立创业孵化部门，以新创企业带动日本新兴产业的发展方向，促进技术成果的产业化。每年申请专利 1000 多项。

（胡智慧 执笔）

第二节　德国弗劳恩霍夫协会

一、德国弗劳恩霍夫协会基本概况

德国弗劳恩霍夫应用研究促进协会（FhG）是欧洲最大的应用科学研究机构，成立于 1949 年，是联邦德国政府在第二次世界大战结束后不久为加快经济重建和提高德国应用研究水平而支持建立的。FhG 现有 60 个研究所，2 万多名员工，年度研究经费超过 18 亿欧元[①]。

二、德国弗劳恩霍夫协会使命与定位

FhG 是非营利的公共科研机构，其重要目标是与工业界建立密切关系，为企业，特别是中、小企业提供技术服务。FhG 也接受德国联邦和州政府的委托，对社会发展具有重大意义的关键技术领域进行战略性研究，是国家科技发展的重要力量。

三、德国弗劳恩霍夫协会组织架构

从组织架构上看，FhG 设有会员大会、理事会、执行委员会、主席团、科技咨询委员会、研究所监管委员会、60 个研究所和 7 个研究所联盟（图 3-5）[②]。

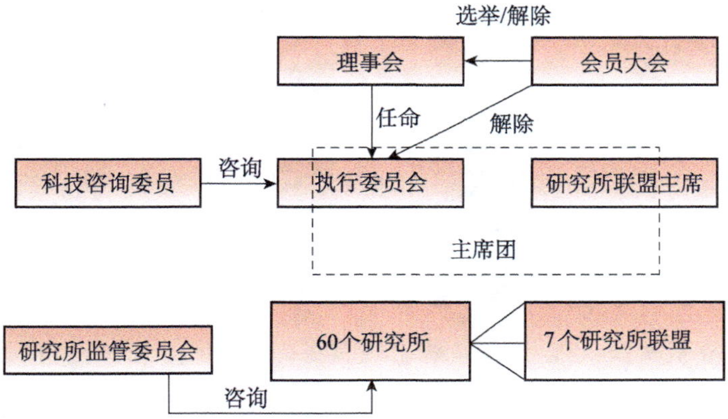

图3-5 FhG的组织架构

（一）会员大会

会员大会是 FhG 的最高权力机构，负责选举理事会成员、接收执行委员会做的年度报告和提交的年度结算账目、解除理事会和执行委员会，以及决定修改章程和解散协会。

会员大会拥有普通会员 119 人，为有意推进协会工作的自然人或法人；官方会员 916 人，成员构成为理事会、执行委员会、研究所负责人和研究所监管委员会的成员；荣誉会员 13 人，他们是在理事会的建议下由会员大会选出的对协会有特殊贡献的研究者或推动者。

会员大会至少每年举行 1 次会议，由协会主席召集并主持。在不计出席人数的情况下

---

① FhG. Jahresbericht 2011. http：//www.fraunhofer.de/content/dam/zv/de/publikationen/Jahresbericht/fraunhofer-jahresbericht-2011/pdfs-jahresbericht-2011/Fraunhofer-Jahresbericht-2011.pdf [2015-12-10].

② FhG. Organe und Gremien der Fraunhofer-Gesellschaft. http：//www.fraunhofer.de/de/ueber-fraunhofer/einrichtungen-organe.html [2013-2-21].

会员大会有权做出决定[①]。

（二）理事会

理事会是 FhG 的最高决策部门，约有 30 名成员，由来自政府、科技界、经济界的代表和科技咨询委员会的成员组成。

会员大会每 3 年选举 1 次理事会成员。理事会从其核心成员中选出理事会主席 1 名，副主席 2 名。

理事会每年至少举行 1 次会议，在有一半以上成员出席的情况下才可做出决议。理事会负责任命执行委员会成员；决定协会科研政策的基本方针；决定协会研究规划和扩建规划；决定协会所属机构的建立和变更（合并、划出和解散）；决定协会中长期财务规划；参与任免研究所领导；修改或新出人员聘任条例和选举条例[①]。

（三）执行委员会

执行委员会是 FhG 的核心管理部门，由协会主席和 3 名协会副主席组成。按照协会章程，执行委员会须有 2 名成员是自然科学家或工程师，1 名成员须具备商务管理的知识和经验，1 名须曾担任过高级文职职务。

执行委员会成员每届任期 5 年，由理事会选举产生。执行委员会负责与科技咨询委员会和研究所联盟主席共同制定协会科研政策的基本方针和研究、扩建及财务规划；管理所属研究所，任免研究所领导，与科技咨询委员会共同推进研究所工作；任命研究所监管委员会成员；制定人事政策；提交年度报告和年度结算账目；执行会员大会和理事会的决议。

执行委员会每年至少向会员大会、理事会、科技咨询委员会汇报 1 次协会的主要事务[②]。

（四）科技咨询委员会

科技咨询委员会是 FhG 的内部咨询部门，由研究所领导（77 人）和各研究所的科研人员代表组成（61 人），负责向执行委员会就重大问题提供建议，包括研究方向、人力资源政策、研究所成立或撤裁等。

科技咨询委员会通过由 9 人组成的常务委员会（科技咨询委员会主席、副主席和其

① FhG. Satzung der Fraunhofer-Gesellschaft. http：//www.fraunhofer.de/content/dam/zv/de/ueber-fraunhofer/Satzung-Fraunhofer-Gesellschaft.pdf. [2013-2-21].

② FhG. Satzung der Fraunhofer-Gesellschaft. http：//www.fraunhofer.de/content/dam/zv/de/ueber-fraunhofer/Satzung-Fraunhofer-Gesellschaft.pdf [2013-2-21].

他 7 名成员）来行使权限，每年至少开会 1 次，由科技咨询委员会主席汇报常务委员会的工作①。

（五）研究所监管委员会

研究所监管委员会是为研究所领导提供咨询的部门，成员由政府、科技界和经济界的代表组成。执行委员会与各研究所领导协商后为每个研究所聘请约 12 名代表。

（六）研究所

FhG 实行分散式研究，在德国的 60 个研究所是 FhG 科研工作的具体实施单位，研究所不具有独立的法人资格。

研究所领导负责管理研究所，包括制订研究所的科研规划及预算案、决定经费如何使用、签订委托科研合同等。在研究所业务范围内，研究所领导享有充分自主权。研究所领导定期或应要求向科技咨询委员会汇报研究所的情况、计划和研究成果，也要向执行委员会汇报研究所的情况、计划、研究成果和对研究所的管理，并提供书面资料。

（七）研究所联盟

研究方向相近的研究所组成研究所联盟，以加强各研究所之间的交流与合作。目前，FhG 在 7 个研究领域形成了研究所联盟，分别是信息通信技术、生命科学技术、微电子技术、光和表面技术、生产和制造技术、材料和组件技术，以及国防与安全技术①。

研究所联盟的成立或解散由执行委员会决定。每个研究所联盟设立 1 个管理委员会，由参与联盟的各研究所领导组成（同时参加多个研究所联盟的研究所只在 1 个研究所联盟拥有投票权）。研究所联盟主席由理事会主席委任，任期 3 年。

（八）主席团

执行委员会成员和研究所联盟主席构成主席团。主席团协助执行委员会制定协会的管理政策、参与执行委员会的决策过程，并有权提出建议，同时协助落实执行委员会的各项决定。通常每 3 个月举行 1 次例会②。

---

① FhG. Fraunhofer-Verbünde. http：//www.fraunhofer.de/de/ueber-fraunhofer/einrichtungen-organe/Verbuende.html［2013-2-21］.

② FhG. Satzung der Fraunhofer-Gesellschaft. http：//www.fraunhofer.de/content/dam/zv/de/ueber-fraunhofer/Satzung-Fraunhofer-Gesellschaft.pdf［2013-2-21］.

四、德国弗劳恩霍夫协会业务管理模式

综上所述，FhG 的业务管理模式如图 3-6 所示，其特点是在决策过程中强调科学家和社会各界的参与。

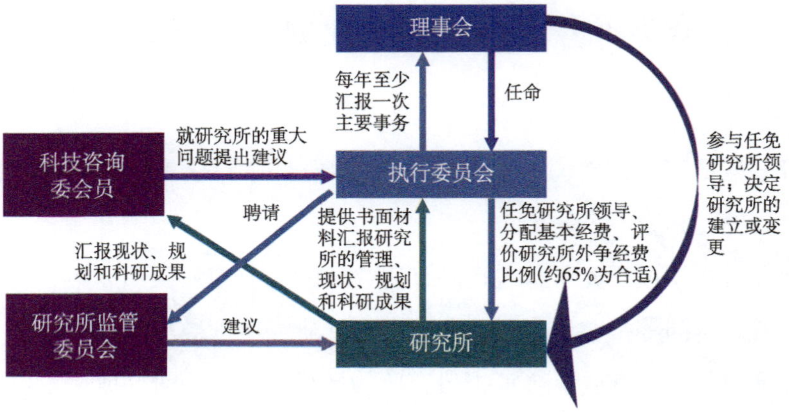

图3-6　FhG的业务管理模式

五、德国弗劳恩霍夫协会经费配置机制

2011 年，德国联邦和州政府对 FhG 基本经费的支持为 4.14 亿欧元，占 FhG 当年财政总额的 22.4%。FhG 按照 4 个标准将基本经费分配给所属研究所：标准 1，每个研究所得到固定 60 万欧元的经费；标准 2，研究所得到上一年经费总量的 12%；标准 3，研究所上一年从企业得到的收入若小于总收入的 25% 或大于总收入的 55%，研究所得到该笔收入的 10%，若企业收入占研究所总收入的 25% ～ 55%，研究所得到该笔收入的 40%；标准 4，研究所得到上一年欧盟项目经费的 15%（图 3-7）。

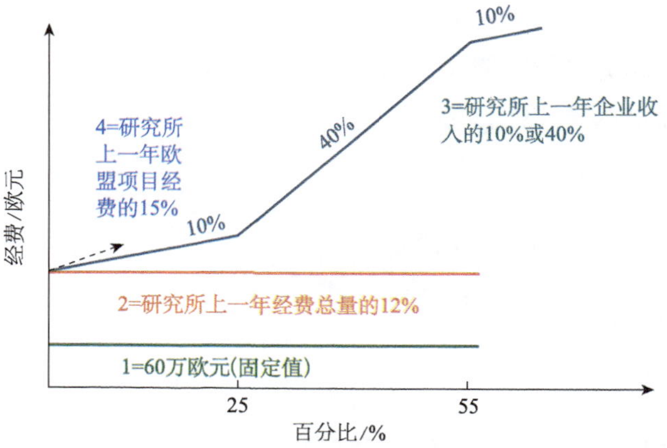

图3-7　FhG的经费配置机制

六、德国弗劳恩霍夫协会人才任命与培养机制

FhG 研究所所长同时也是研究所所在地大学的教授，因此 FhG 与大学共同任命研究所所长，由 FhG 总部和大学分别派出 2 名成员共同遴选和任命双方认可的人选。

研究所所长通常都是大学的教授，通过在大学中授课，发现优秀学生，吸引学生到研究所开展科研工作。FhG 在大学生中享有良好的声誉，其独特的科研模式有利于吸引优秀学生来所实习或工作，FhG 被评为最具吸引力的雇主之一。

（葛春雷 执笔）

第三节　澳大利亚联邦科工组织

一、澳大利亚联邦科工组织基本概况

澳大利亚联邦科学与工程研究组织（Commonwealth Science and Industries Research Organization，CSIRO，简称澳大利亚联邦科工组织）[①] 始建于 1926 年，现为澳大利亚最大的国立科学研究机构，也是世界上最大、研究领域较广泛的科学研究机构之一，综合实力在世界上排名前 10 位，包含工业、农业、医疗、军事等学科，为工业、社会、环境提供科学的创新性的解决方案。该研究院也是澳大利亚拥有科学家数量最多的机构（图 3-8）。

CSIRO 总部坐落在首都堪培拉，在澳大利亚国立大学（ANU）校园内亦设有分部。CSIRO 是澳大利亚国立科研机构，是世界最大、最多样化的科研机构之一，在 CSIRO 全部 22 个研究领域中，有 14 个领域的科研水平位居世界前 1%。

CSIRO 有 10 个国家研究旗舰计划，这些旗舰计划旨在解决国家的重大挑战。每年，CSIRO 与中小企业、大型企业和公共部门建立 4300 多项科研活动，CSIRO 是澳大利亚合作研究中心（CRC，是由工业界与学术界联合形成的网络式团队）项目中最大的参与者，截至 2010 年 6 月，在所有 47 个中心中有 28 个参与了此项目。

每年，CSIRO 与大约 80 个国家进行国际合作，国际合作活动数目多达 750 项。CSIRO

---

① CSIRO. Homepage. http：//www.csiro.au/［2015-12-18］.

是澳大利亚拥有专利最多的机构，目前拥有 3900 多项批准和申请中的专利或者其他形式的知识产权，150 个新建企业利用 CSIRO 的知识产权和专业技术建立起来。截至 2011 年，CSIRO 拥有 6550 个员工，研究机构多达 13 个，位于 57 个不同的地方，具有 9 个国家研究旗舰计划，年度预算为 12 亿澳元。

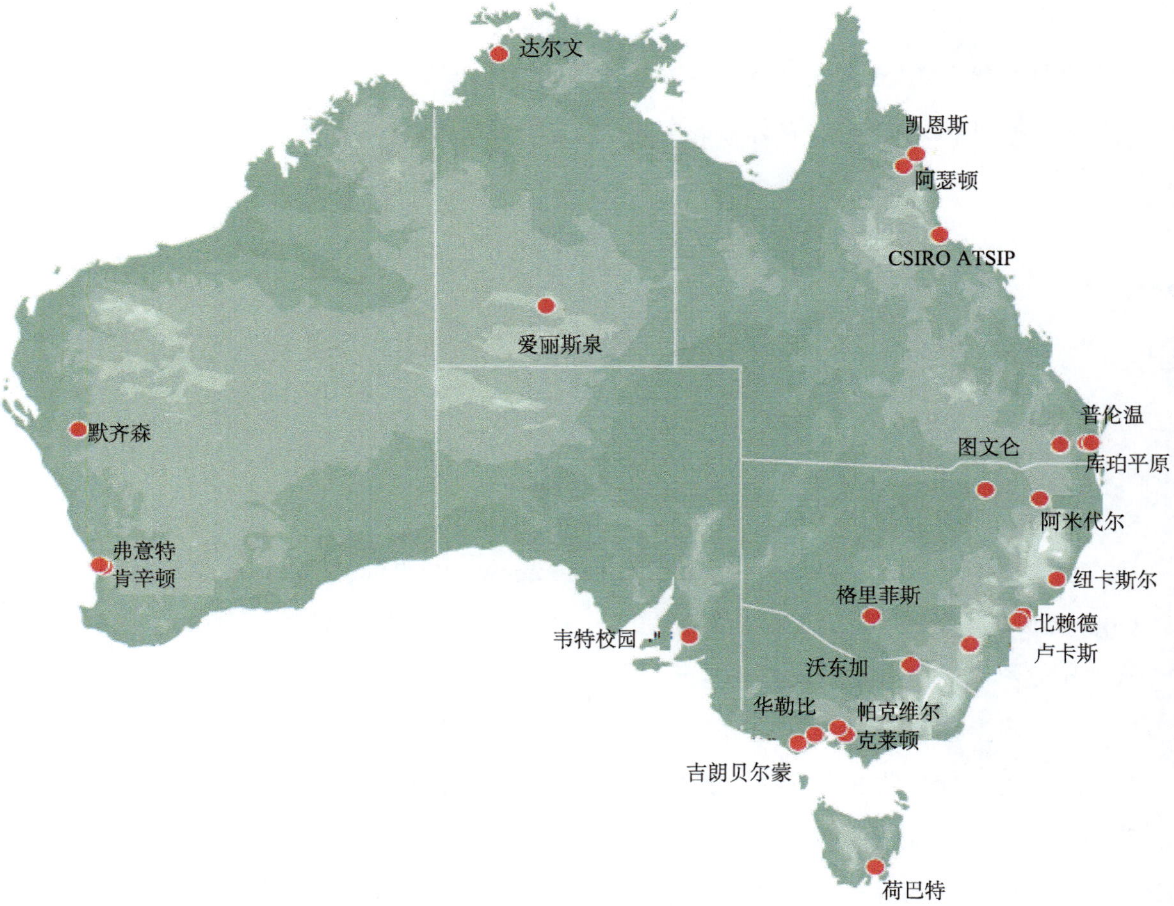

图3-8　CSIRO主要地理位置分布图

资料来源：CSIRO Strategic Plan 2011—2015. http：//www. csiro.all/ ~ /media/About/Files Strategy/CSIRO Strategy 2011—2015.

二、澳大利亚联邦科工组织使命与定位

CSIRO 的是基于 1949 年的《科学与产业研究法案》建立而成的，规定其从事科学研究的目标是：①辅助澳大利亚的产业发展；②维护澳大利亚社会的利益；③为澳大利亚国家目标或英联邦的国家和国际绩效做出贡献；④领导人决定的其他目的；⑤鼓励或促进这些研究的应用和利用。

（一）战略规划的制订与实施

在 CSIRO 战略规划（2007 ～ 2011 年）中，澳大利亚联邦科学与工业研究院将其战略定位为全球性研究机构，在其规划中有六个战略目标，分别为：加强对科研的投资；进行世界一流的科研；合作产生社会影响；服务产业创新；建立研究院能力和承诺；确保提供增长的财政基金。

基于对内部和外部资源的分析，CSIRO 董事会和执行团队通过执行管理委员会确定 CSIRO 的战略发展方向。首先，CSIRO 确定战略方向的出发点是 1949 年的《科学与产业研究法案》，基于此，CSIRO 通过评估现在在国家创新体系中的角色和地位来完成《科学与产业研究法案》提到的使命，并通过对自己过去绩效和现在优势的评估确定自己的定位，识别可能的机会领域或者需要提升的领域。

具体而言，在对国家和全球知识与科研环境进行充分调研的基础上制定而成，由董事会提出指导方向，听取各利益相关方的意见，在充分考虑科学前沿、科研规模与质量、科学影响、专家咨询等基础上，制定 CSIRO 的战略举措，其战略重点包括：国家旗舰计划，建立创新型组织，与产业界、政府、其他公共科研机构和大学充分的合作与交流，建立值得信赖的咨询中心等（图 3-9）。

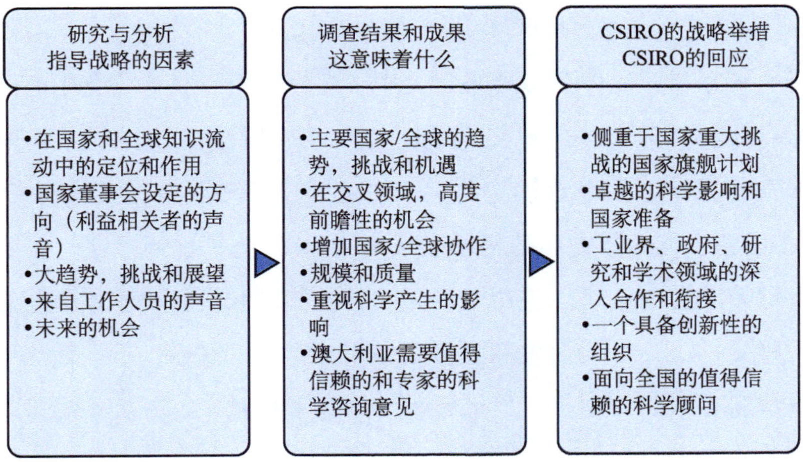

图3-9　战略规划的制定过程

澳大利亚联邦科学与工业研究院通过建立稳健的计划和评估项目实现其战略目标。通过研究院每年的运营计划，研究院确保研究院所有领导和职工与研究院战略相一致的目标得以实现。战略实施的进程将通过以下四个关键方面进行测量：影响、科研、人员、资源。

（二）角色定位

CSIRO 将其资源和努力投入到能够对澳大利亚产生积极影响的领域，为实现此目标，CSIRO 将区分出比较清晰的角色（图 3-10）。

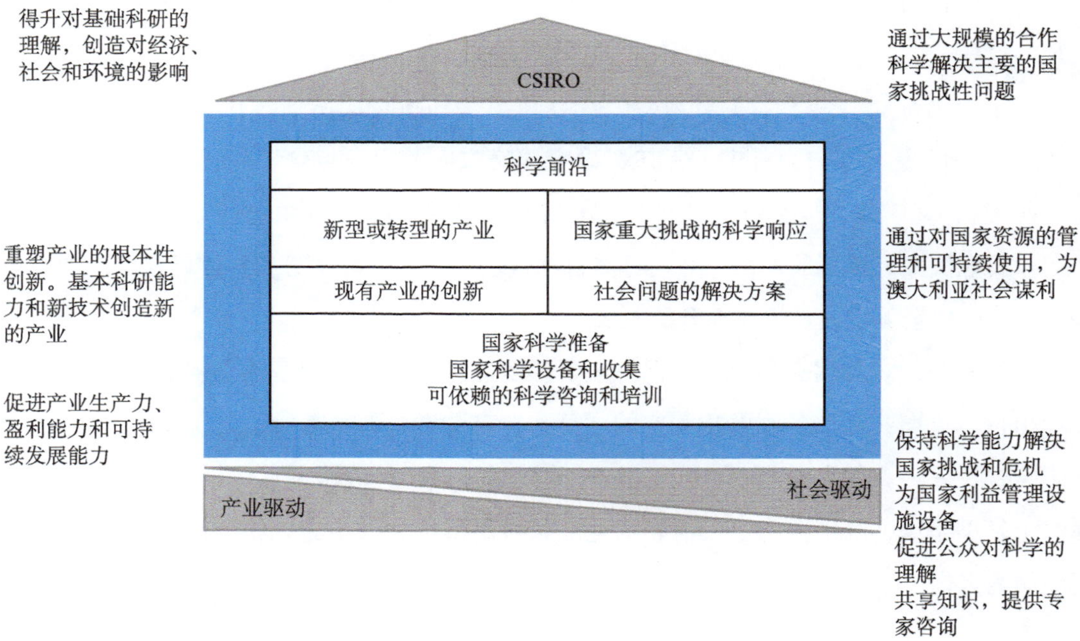

图3-10　CSIRO的角色定位

澳大利亚的研究与开发体系包含来自大学、政府部门、联合研究中心及产业界的人员，既有使命导向的科学，也有需求导向的科学，其经费来源来自公有和私有部门。在澳大利亚的研发体系中，CSIRO 的定位具有独特性，很多利益相关者将 CSIRO 定义为“国家大型、多学科、使命导向型的科学与技术组织”，为了承担好这一角色，CSIRO 将扮演国家最可信赖的咨询顾问；CSIRO 深入的研究能力和设备对国家理解和应对国家挑战和机会至关重要；CSIRO 为澳大利亚创新体系提供深度联系，帮助澳大利亚获得全球知识；CSIRO 管理着支持国家优先发展领域的国家基础设施，并为在虚拟世界中管理这些设备提供基础。

（三）战略基础与支柱

为支持 CSIRO 战略的实施，CSIRO 通过国家旗舰计划、为实现科学卓越所采取的各种准备、与其他部门深入的交流与合作、建立创新型组织、成为值得信赖的顾问等措施实现 CSIRO 的战略目标和方向，具体的实施措施如表 3-3 所示。

表 3-3 CSIRO 的战略基础与支柱

CSIRO战略目标	在应对国家面临的挑战，并通过国家研究旗舰计划的机会，聚焦和增加投资、提供资源、产生深远的影响	在人民和基础设施投资，保持和发展民族的科学的广度和深度支持，产生深远的影响并做好科学准备	在澳大利亚和世界范围内最好的合作伙伴建立深度的关系，以弥补我们的科学能力，加快产生影响力	提高我们作为一个组织响应科学变化的运作能力，产生深远的影响，建立适应未来的能力	为澳大利亚政府、公众和产业界提供科学证据、建议和解释，发挥一个值得信赖的领导作用
成功的支柱	国家旗舰计划	科学卓越和准备	深度合作和交流	建立创新组织	值得信赖的顾问
我们将要做	1.1 提供有针对性的额外投资旗舰计划（50%～65%），整合与旗舰计划直接相关的区域研究和重新定位旗舰计划，增加影响	2.1 制订和实施一个综合方案，其中包括吸引、培养和留住世界级的人才，并进一步将投资定位到国家的需要和实力的领域	3.1 在与合作伙伴的需求和旗舰目标相关的领域，与行业（国家、国际和中小型企业）和政府发展和加强战略伙伴关系	4.1 将 CSIRO 的价值观和行为准则嵌入到我们的实践和流程中，在领导、提升人员能力、多样性、团队精神和应变能力的基础上，继续建设和加强创新文化	5.1 制订和实施与政府、业界和社会的领导进行交互的计划
	1.2 建立旗舰计划，为自然和人类系统的交叉（如能源、水、气候和土地利用）的复杂问题，提供综合解决方案	2.2 为澳大利亚在植物和农业科学、资源科学、环境科学、人类生命科学和材料科学和制造科学、支持全球专用区；支持其他实力领域的国家中心和充满活力的区域站点	3.2 在我们寻求建立我们的全球地位的领域，与大学和领先的国际同行（包括观察项目）建立战略研究伙伴关系	4.2 培养我们的人在一个多学科、任务导向的组织中工作和担任领导	5.2 武装我们的工作人员使他们能够通过全国性科学辩论的方式，对政府政策、业界、公众和世界产生影响
	1.3 制定和实施强大的影响测量框架，跟踪性能	2.3 开发一个受资助的、共享成果的国家愿景，同时提供支持科学发现的增强的集成和访问	3.3 制定并实施一项全面的技术和知识参与战略以有效完成科学知识付诸实践的过渡	4.3 构造稳健和集成劳动力和未来的能力规划，并确保它们与清晰的研究和影响的战略关联	5.3 制订和实施一个增强的社区参与计划，以增加对科学的好处的认识和增加进行更广泛的科学发现的兴趣
	1.4 加强旗舰治理、咨询和规划框架	2.4 嵌入电子研究（e-research）和启用电子战略（e-strategy），以增加研究数据密集型和协作的科学生产力	3.4 在设计和管理大型科学和独特的国家基础设施（如 SKA）方面开展合作，支持科学和知识进步	4.4 优化我们的经营做法和系统，以提高跨旗舰、跨分支和跨企业职能的生产一体化	5.4 响应网络媒体和社会媒体的增长，以及它们对科学信息是如何生成和分发所产生的影响
		2.5 通过关注和扩大我们在信息和通信技术、数学和社会经济平台的努力，建立转型能力平台计划	3.5 通过适当的内部和外部的科学联系、当地社区的参与和支持机制，确保区域的活力	4.5 通过纪律操作和资本资源的管理，确保财政可持续性	
我们不会做	在旗舰或分支之外，支持其他子项目	向对未来没有影响的领域投入资源	寻求或接受不符合我们战略目标的收入	脱离我们的价值观或有益于国家人民安全和健康的事情，成为企业运营模式	公开评论政府，反对党和其他政治团体的政策，或者说我们专业知识外的内容

三、澳大利亚联邦科工组织组织机构与运行模式

（一）组织机构

CSIRO 隶属于澳大利亚创新、工业与科研部，是澳大利亚创新、工业和科研系统中的重要组成部分，CSIRO 的委员会（董事会）向创新部部长负责，由委员会任命 CSIRO 的执行主席，执行主席负责整个 CSIRO 的日常管理，包括对各个领域单元、管理副总裁、执行董事、财务总监及人事总监的任命。①

CSIRO 包括五个领域单元和四个行政单元，五个领域单元分别包括食品、卫生与生命科学产业、能源领域、环境科学领域、信息科学领域；四个行政单元包括管理副行政总裁负责的秘书委员会、沟通交流部门、法律部门、知识产权管理部门、战略咨询部门等，发展执行董事负责的卫生、安全与环境、人力资源管理、人力资源与组织发展、业务改善、科学战略与投资、科学领导与培训，财务总监主管财务运作、公司财务管理及资产服务，另外还有一个负责业务发展与国际化的部门（图 3-11）。

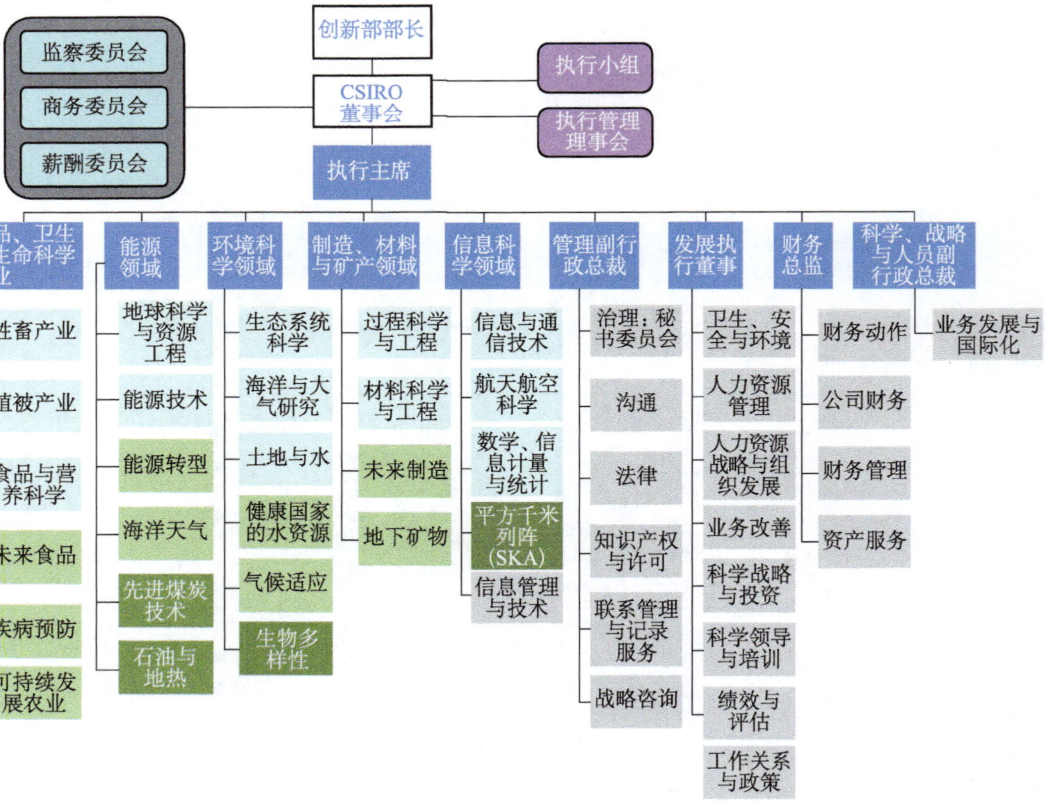

图3-11　CSIRO的组织管理结构图

① CSIRO. How-we-work. http：//www.csiro.au/Portals/About-CSIRO/How-we-work/Governance/Governance-Overview.aspx［2013-4-11］.

CSIRO 的五个领域研究管理部门（research groups）并不形成实体，它们下设多个部门（division），这些下设的部门为实体行政责任单位，过去也是研究的实体单位，直接承担研究任务。2007 年 CSIRO 开始改革，下设的部门只承担相关的人员管理、设施建设等任务，而不直接承担相应的研究责任。

（二）运行模式

国家旗舰计划的建立也使得 CSIRO 的组织结构和运行模式发生了一定的变化，这主要表现在三个方面：组合绩效框架的实施、科学投资的决策过程、运行模式。

1. 组合绩效框架的实施

CSIRO 2003 ～ 2007 年的战略规划中提到，因为各部门之间不一致的体系和运行过程，CSIRO 管理内部事务和绩效管理的能力逐渐减弱，部门之间缺乏标准的管理使得管理交易成本上升，降低决定制定的质量。为解决这一问题，需要和 CSIRO 的各利益相关方进行交流，进行外部咨询，开发并实施一套绩效评测框架，此框架将为实现旗舰计划的战略目标提供跟踪和报告过程的框架，以确保它们对国家产生影响。

为促进组合绩效框架的实施，CSIRO 的科研活动及旗舰计划，重新按照如表 3-4 的方式组织。

表 3-4　科研活动及旗舰计划的组织方式

组合绩效框架的元素	描述
计划	一项计划主要是对 CSIRO 已确定的使命所做出的努力和资源，如能源转型旗舰计划
主题	主题指一项重大的研究领域，直接面向清晰的、可测量的战略目标，而这项战略目标是一个计划目标的一部分
系列	系列代表一些解决某个主题目标的具体方面的相关项目的集合，每项系列有个由具体的年度绩效目标支持下明确的中期系列目标
项目	项目是科研活动和预算控制的核心单元

2. 科技投资的决策过程

科技投资过程是 2005 年提出的，是 CSIRO 2003 ～ 2007 年战略规划的重要组成部分，通过组合绩效框架科研主题而发展和拓展的规划安排是支持科技投资过程的重要措施。科技投资过程的目的在于允许 CSIRO 的执行团队以清晰、持续和透明的方式制定关键的决策。

科技投资过程的主要目标是：增强组织内部的联系；将 CSIRO 的优势嵌入到跨学科的计划中；以长期的视角制订科学规划；在全组织内建立透明和严格的决策制定过程；将

CSIRO 的目标嵌入到更广阔的国家创新体系中；通过以合适的人建立合适的决定，建立基于信任的方式；对 CSIRO 的组合模式实行演化式的而非变革式的改变。

科技投资过程的关键步骤包括董事会指南设定、基于主题的评估、通过循环往复改变不理想的结果（表 3-5）。

表 3-5　科技投资的决策过程

科技投资过程关键要素	描述
董事会指南设定	CSIRO 的最高执行者，综合考虑外部和内部因素，如全球科学发展趋势、产业界的意见、政府的科研优先领域，经济数据以及对研究优势的对比评估，设定董事会关于未来投资的方向，将 CSIRO 的战略转化成为中期投资优先领域
主题评估	组织内部各部门的首席科学家和研究领导者根据相关性和影响的标准对科研活动进行评估

政府科技投资的实施过程如图 3-12 所示。

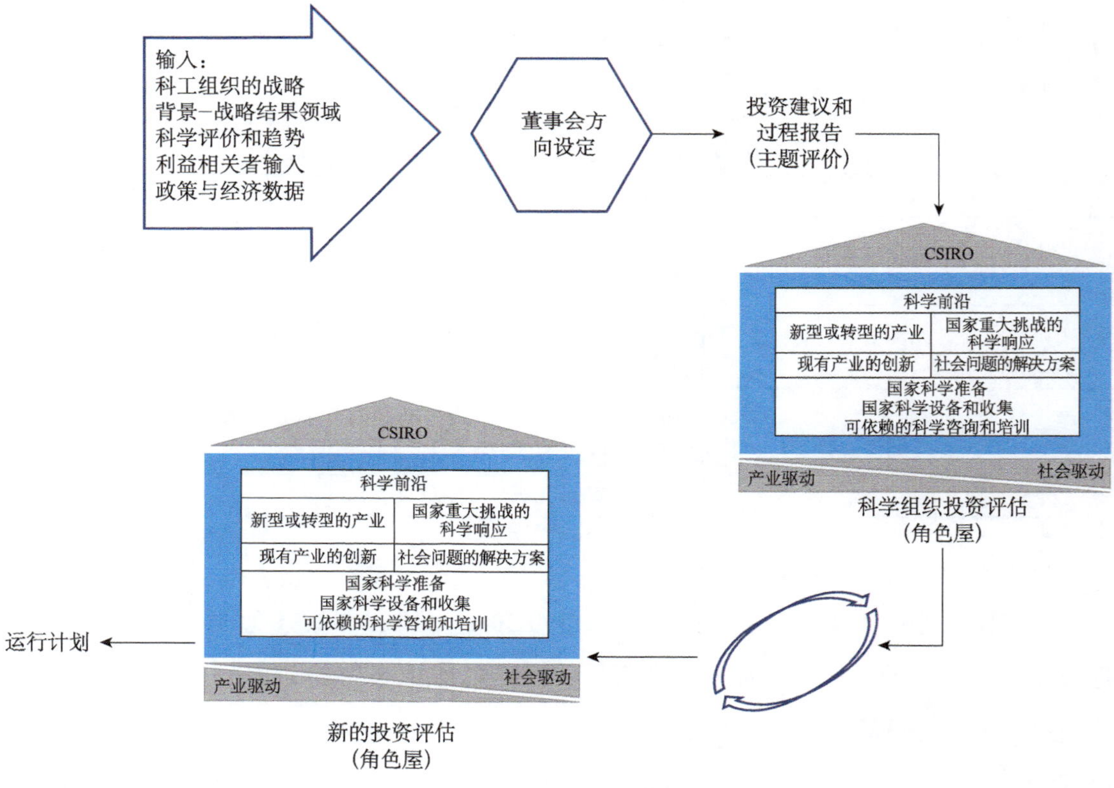

图3-12　政府科技投资的过程

3. 运行模式

在 CSIRO 2007 ～ 2011 战略规划中，提出了“One-CSIRO”的基础，并提到：“为有效解决国家重大挑战，迎接全球机遇，CSIRO 必须通过有效的多学科合作和跨边界团队协作，平衡其规模和范围，充分利用 CSIRO 的整体实力。"

2004～2005 年运行规划中指出了旗舰计划与"One-CSIRO"计划的关系：旗舰计划和跨部门重大计划是"One-CSIRO"计划的重要实现方法，它们将代表国家解决重大挑战，集中利用科技资源。

2004～2005 年，CSIRO 的组织结构进行了调整。在管理与实践方面，旗舰计划将 CSIRO 不同部门的研究人员纳入到旗舰计划中，从而形成了矩阵式组织模式。矩阵式的组织模式使得 CSIRO 中有两条权力线：CSIRO 中对研究人员的管理职能权力存在于下设的部门中；研发工作方面的责任则存在于旗舰计划和"One-CSIRO"计划中。

这种组织模式的目的是促进多学科研究，使得 CSIRO 中每个研究人员的能力都得以体现。个体研究人员可以参与多个研究项目，如图 3-13 所示。

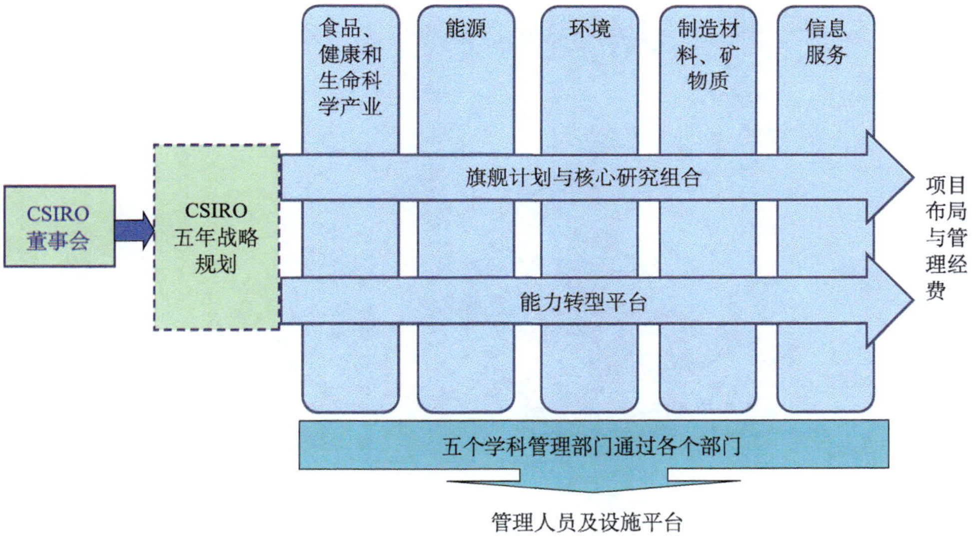

图3-13　CSIRO的矩阵式管理模式

四、澳大利亚联邦科工组织人力资源及经费管理

（一）人力资源概况

从 2006 年到 2010 年，CSIRO 的总体人员数基本保持不变，略有增长，在 2009 年有所增长，2010 年又回归稳定，科研人员的数目有所增长，项目人员的数目保持不变，而高级专家的和科研管理者的人数有所降低，科研咨询者和技术服务者的数目有所增长，其他人员数目也基本保持不变，具体如表 3-6 所示。

表 3-6 CSIRO 历年的人员情况

财政年度	2006 ～ 2007 年	2007 ～ 2008 年	2008 ～ 2009 年	2009 ～ 2010 年	2010 ～ 2011 年
科研人员	1688	1727	1837	1907	1865
项目人员	2199	2246	2215	2241	2166
高级专家	25	13	13	15	12
科研管理者	188	194	176	161	165
科研咨询者	28	29	26	34	40
技术服务者	581	542	545	630	643
沟通与信息服务者	384	402	407	429	375
一般服务者	75	66	51	48	56
管理支持人员	1046	1082	1112	1075	1048
一般管理者	117	122	128	140	144
总人数	6331	6423	6510	6680	6514

在所有人员中，科研人员和项目人员占 60% 以上，其中项目人员占到 1/4 以上（图 3-14、图 3-15）。

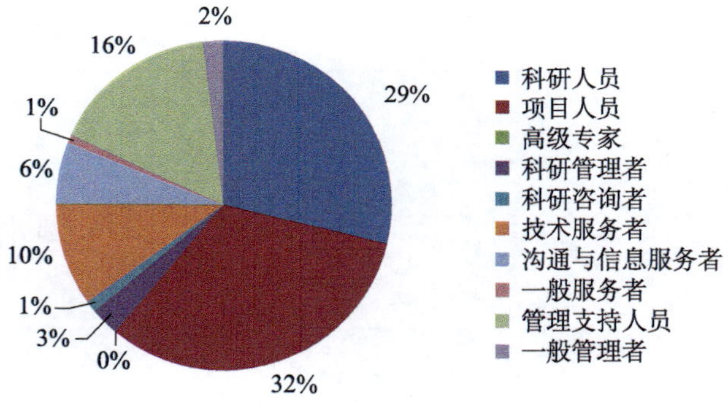

图3-14 CSIRO 2011年的人员分布

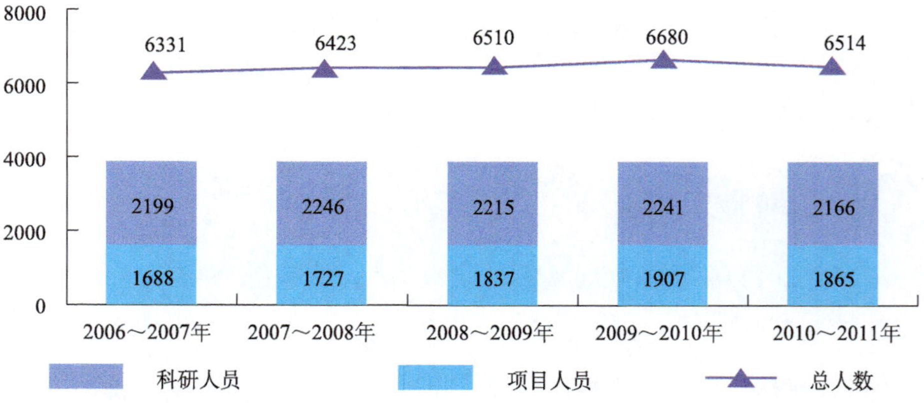

图3-15 CSIRO 2006～2011年的科研人员与项目人员分布

（二）人事管理原则

澳大利亚联邦科学与工业研究院承诺为它的员工营造一个创新、合作和高效的工作环境，以支持员工发展。CSIRO 将继续成为澳大利亚科研智力资本的主要产出地，并将这些智力资本应用在澳大利亚最有益的地方。

CSIRO 将不断提高其文化、工作环境、制度及运作程序来确保 CSIRO 员工的利益：①CSIRO 在人事管理过程中遵从所有的人事立法、政策、程序、协议和其他有关规定，包括与 CSIRO 的公共研究机构的“宪章”。②清晰地阐明 CSIRO 的价值观和行为期望，并将其纳入 CSIRO 的制度和实践，以及与政府、产业和利益相关者之间的互动过程中。③以正直、诚实和开放的态度尊重 CSIRO 中的员工。④为员工提供灵活的、包容及多样化的支持，以确保 CSIRO 的员工感受到他们对 CSIRO 独特贡献的价值。⑤对改进科学、提高组织绩效和 CSIRO 声誉的行为给予支持、奖励和认可。⑥通过积极的招聘和保留策略，加强员工的职业和个人发展，构建 CSIRO 员工的能力和优势。⑦建立激励员工以充分发挥其潜力的工作环境和条件。

（三）经费管理

CSIRO 是一个独立的法人机构，具有独立的财政预算。从 2006 年到 2010 年，CSIRO 的经费有所增长，从 9.73 亿澳元增至 12.2 亿澳元，2008 ～ 2009 财年 CSIRO 的经费达到最高。由于受到 2008 年全球金融危机的影响，2009 年和 2010 年的总经费有所降低，但 2010 年较之 2009 年有所增长，也同时也表现在人员招聘方面，2009 年的人员数达到峰值，2010 年的人员数较之 2009 年有所降低（图 3-16）。

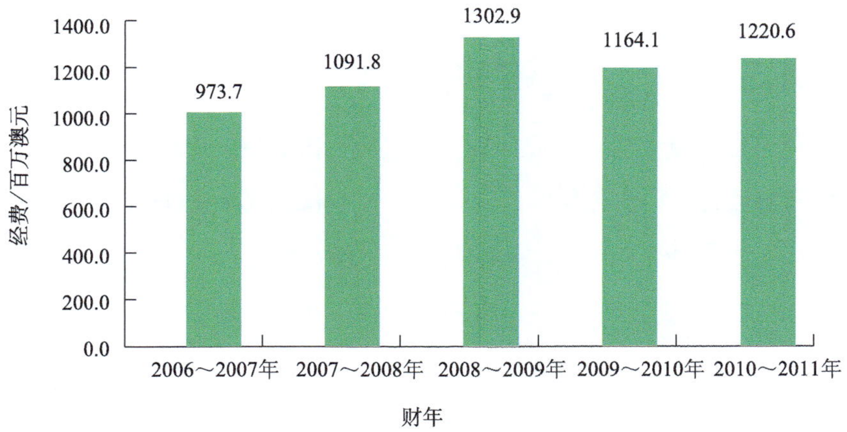

图3-16　CSIRO的年总经费收入变化

从 2010 ～ 2011 财年 CSIRO 的经费来源比例可以看出，政府的预算拨款是 CSIRO 最重要的经费来源，此外，共同投资是CSIRO经费的另一项重要来源（图3-17）。

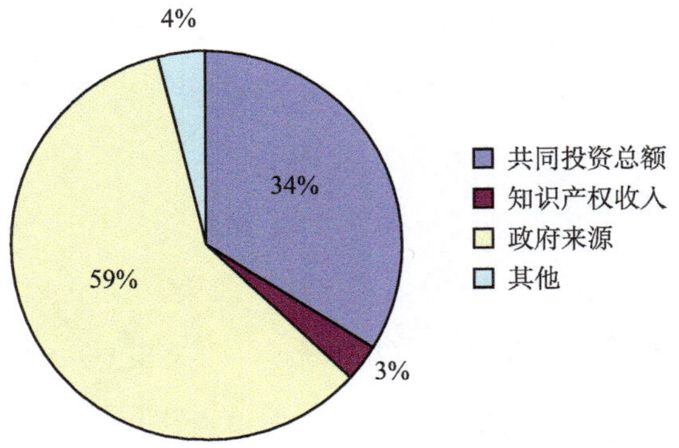

图3-17 2010～2011财年CSIRO经费来源比例

这些经费的使用情况如图3-18所示，44%的经费用于国家的研究旗舰计划，另44%的经费用于CSIRO的核心研究与服务，而剩余的12%的经费用于科学培训和国家研究基础设施的建设。

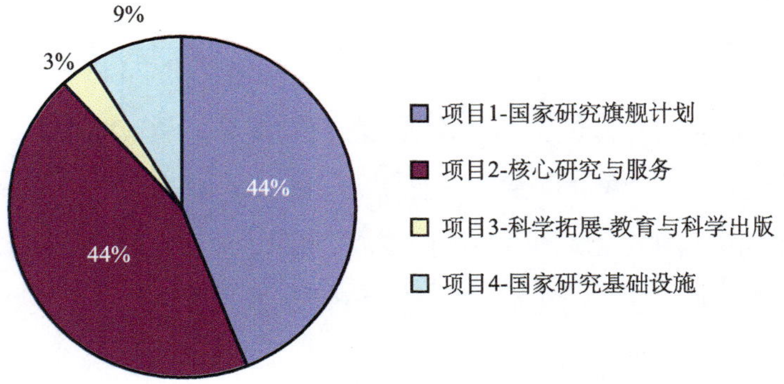

图3-18 2011年CSIRO经费支出比例

五、澳大利亚联邦科工组织科研项目的组织与评估

CSIRO目前有四个重要的项目或计划，分别为：国家研究旗舰计划、核心研究与服务计划、科学培训与教育、科学传播，以及国家研究基础设施——国家设施与联系计划。在此主要以国家研究旗舰计划为例分析科研项目的组织与评估。

（一）澳大利亚最重要的国家科研计划

国家旗舰研究计划（National Flagships）是由CSIRO于2003年组织发起，为了解决国家重大挑战、抓住全球重要机遇而设立的计划，是迄今澳大利亚最大的综合性研究计划。该计划的宗旨是通过开展大范围、多学科的联合研究，解决国家面临的重大挑战，集中利用科技资源。

《2003～2007年报》中将旗舰计划描述为："旗舰计划是国家范围内多学科合作的计划，旨在解决国家重要领域，如环境、能源、农业食品和疾病防御等领域的艰巨的目标。旗舰计划参与者将对澳大利亚的经济和社会增长做出持久的贡献，并且这种持续性将持续25年。"这就意味着大部分旗舰计划预期从2003年开始将持续长达25年左右的时间，在今后相当长的一段时间内仍将作为澳大利亚最重要的国家科研计划而存在。

（二）国家旗舰计划的发起与演化

国家旗舰研究计划是CSIRO于2003年倡议发起的。它是CSIRO实现"One-CSIRO"概念的重要方法，代表着科技资源的集中利用。

2001年，科工组织开始重新思考其未来发展方向，促进科工组织这一思考的缘由是经费的缩减，以及澳大利亚"支持澳大利亚能力：通过科学和创新建设澳大利亚未来"计划为科工组织提供的经费的缺乏，这使得科工组织不得不重新思考其在国家创新体系中的角色以及它的相关研究活动。科工组织具有聚集大型多学科研究团队开展与国家重大目标相关的研究的能力，这是其竞争优势，科工组织意识到发挥这种竞争优势需要以一种更加协同和更加建设性的方式进行合作来完成，由此产生了"One-CSIRO"的概念。

在《2003～2007年CSIRO战略规划》中，CSIRO发现其科学投入过于分散，为解决这一问题，科工组织意识到需要继续进一步加强影响，保持质量和规模的竞争优势，而旗舰计划就成为这一战略的基础性要素。

2003年4月，国家旗舰计划由澳大利亚总理正式宣布建立，随后，CSIRO在2003年6月至2004年8月成功开展了6项最初的旗舰计划；2008年5月至2009年9月开展了另外3项旗舰计划；2010年2月又开展了第十项旗舰计划。目前，CSIRO将其44%的资源投向十个旗舰计划，分别为：气候适应、能源转型、食物未来、未来制造、轻金属、矿物研究、疾病预防、可持续农业、水资源管理，以及海洋气候。此外，CSIRO负责协调各大学、研究机构和企业的科学家参与旗舰计划的科研工作（表3-7）。

表3-7　澳大利亚的十项旗舰计划

旗舰计划	现在的目标	发布时间
轻金属	实现全球轻金属研究的变革，到2020年实现澳大利亚轻金属出口翻番，产生新的产业，减少对环境的影响	2003年6月
疾病预防	提高澳大利亚人民的健康和福利，通过疾病防御和早期诊断，到2020年，每年节省20亿澳元的直接卫生成本	2003年9月

续表

旗舰计划	现在的目标	发布时间
能源转型	平摊温室气体排放，将国家新能源生产、供应和最终使用量翻番	2003 年 10 月
食品未来	实现澳大利亚在农业食品行业的国际竞争力转型，通过将前沿技术使用到具有潜力的产业中，每年增加 30 亿澳元的收入	2004 年 5 月
水资源管理	通过水资源管理，解决澳大利亚的水问题，到 2030 年，每年创造 30 亿澳元的经济收入，并保护国家的水资源生态系统	2004 年 5 月
海洋气候	到 2020 年，将澳大利亚定位为最为理解海洋系统和过程的国际基准	2004 年 8 月
矿物研究	帮助澳大利亚矿物产业开采新能源，到 2030 年，开采价值达 1 万亿澳元，2015 年，将与矿产开采相关的服务和技术部门的规模至少翻一番，达到每年 100 亿澳元	2008 年 5 月
气候适应	为澳大利亚配备气候变化和多样性的有效的适应措施，到 2030 年，每年创造 30 亿澳元的净利润	2008 年 7 月
未来制造	为澳大利亚制造产业提供转型性创新，提高全球竞争力，提高制造业价值链，开发高价值的出口导向的、环境可持续的产品和服务	2009年9月
可持续农业	到2030年，通过增加50%的产量，降低至少50%的净碳排放，确保澳大利亚农业和林业产业的发展	2010年2月

（三）国家旗舰计划的经费

澳大利亚国家旗舰计划的经费中政府拨款占大宗，目的是保证在综合国家科技资源配置的基础上，解决关系澳大利亚发展的紧迫问题。

2003 年以来，澳大利亚联邦政府对旗舰计划提供的经费支持包括：① 2002 ～ 2003 年财政预算中为科工组织首批建立的 6 个旗舰计划提供 2000 万澳元的支持；②在 2004 年澳大利亚的“支持澳大利亚能力：通过科学和创新建设澳大利亚未来”计划中为拓展旗舰计划，为科工组织提供为期 7 年的、共 3.05 亿澳元的支持；③通过 2007 ～ 2008 年财政预算，为新建立的 3 项旗舰计划和“能源转型”旗舰计划的拓展，提供为期 4 年的、共 1.74 亿澳元的经费支持。

为支持国家旗舰计划，科工组织需要持续调整现有研究活动的方向和相应的经费支持。通过一些具体的研究计划，旗舰计划也能产生一些外部收益，这也成为科工组织开展国家旗舰计划的经费来源之一。这些外部经费不是直接来自联邦政府对科工组织的预算份额，而是来自联邦政府、州政府、区域和地方政府的项目。

从 2002 ～ 2003 财年至 2010 ～ 2011 财年科工组织国家旗舰计划的经费总额达 20.3

亿澳元①。

此外，2004 年，CSIRO 用“支持澳大利亚能力：通过科学和创新建设澳大利亚未来”计划中的一部分经费建立了“旗舰合作基金”，“旗舰合作基金”的目的是为了通过与高校以及其他公共资助研究机构之间建立合作关系，加强旗舰计划与高校以及公共研究机构之间的合作，在“旗舰合作基金”中，科工组织作为研究资助者而非研究提供者。

自“旗舰合作基金”建立之初，已获得 1.143 亿澳元的财政经费，科工组织 2009～2010 年度的年报中指出“旗舰合作基金”已支出 5600 万澳元，到 2009～2010 年度，支出达到 9600 万澳元，到 2013 ～ 2014 年度，“旗舰合作基金”中所有经费已全部支出。

通过一些具体的研究项目，旗舰计划也能产生一些外部收益，这也成为科工组织开展国家旗舰计划的经费来源之一。这些外部经费不是直接来自联邦政府对科工组织的预算份额，而是来自联邦政府、州政府、区域和地方政府的项目。

（四）国家旗舰计划的管理

1. CSIRO 对旗舰计划的矩阵式管理

旗舰计划是澳大利亚国家层面上的一项重大计划，CSIRO 承担重要角色。它是在经过同政府、科技界、工业界和社会各界广泛协商、咨询的基础上提出的，其目的是综合、重组、凝练国家科技资源配置，解决对国家发展最为紧迫和至关重要的一系列问题。

CSIRO 的五个领域研究管理部门（research groups）管理着不同的旗舰计划。其下设的各个部门承担旗舰计划相关的人员管理、设施建设等任务，而不直接承担相应的研究责任（图 3-19）。

2. 旗舰计划的项目管理与评估

旗舰计划以项目形式体现，并突出强调团队合作和创新意识。旗舰计划培育的技术上新型工业的核心和支柱，总共投入的经费将达几十亿澳元。在管理方式上，每个旗舰项目都设立专家委员会，对项目进行咨询和指导。

---

① CSIRO. Flagships Organisation Structure. http：//www.csiro.au/Organisation-Structure/Flagships/AboutNationalResearchFlagships.aspx［2013-4-11］.

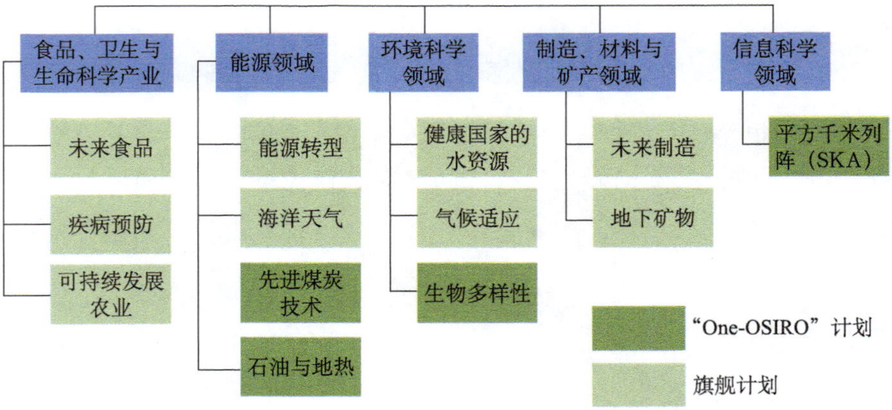

图3-19　CSIRO的五个领域研究管理部门及其管辖的旗舰计划

旗舰项目的研究着眼于工业和社会的未来发展，面向这一发展提出的科技需求，由具有产业背景的科学家领衔，科技界、产业界、公共管理部门共同策划。项目实施过程中，横向打破垂直学科布局，开展集中管理下的跨学科、跨部门管理。项目参与方对外开放，各大学、州政府部门所属研究机构均可参加，同时招聘博士后等临时研究人员。每个旗舰项目都制定了路线图，包括短期目标（1～3年）、中期目标（4～9年）和长期目标（10年以上），并委托经济分析公司 ACIL Tasman 对各旗舰项目带来的影响进行估算，以期能够在资金投入之后取得回报（图 3-20）。

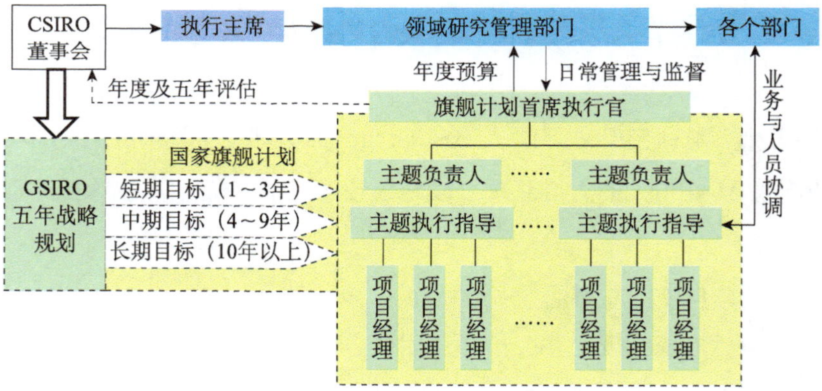

图3-20　旗舰计划的管理模式

国家旗舰计划下设主题，每个主题由项目群支撑，共同构成国家旗舰计划体系。首席执行官（CEO）和主题负责人（theme leader）决策国家旗舰计划的主题方向，主题执行指导（director）协调跨学科、跨部门的科研合作，项目经理（program leader）及相应的研究所负责研究目标的实现。“首席执行官—主题负责人—主题执行指导—项目经理”构成国家旗舰计划的管理层。主题下的层级管理和领域间的交叉合作，保证了国家旗舰计划的执行效率和成果后续应用。

每个国家旗舰计划每四年或五年根据 CSIRO 的四年或五年战略规划组织一次全面评估，评估委员会由 CSIRO 直接从学术界和企业界聘请，并不对管辖旗舰计划的五个领域研究管理部门及其下设的部门负责。理论上，评估结果将决定旗舰计划是否在下一个四年或五年战略规划期间继续延续。到目前，CSIRO 已经组织了 2007 年和 2012 年两次全面评估[①]。

同时，CSIRO 在编制每年度的年报时也将组织对每个国家旗舰计划及其重点项目的年度评估[②]。

（李 宏 执笔）

① CSIRO. Review of the National Research Flagships 2007. http：//www. csiro. au/en/Organisation-Structure/Flagships/AboutNationalResearchFlagships/Review-of-National-Research-Flagships-an-initiative-of-CSIRO.aspx［2013-4-11］.

② CSIRO. CSIRO Annual Report 2011–12. http：//www. csiro. au/Portals/About-CSIRO/How-we-work/Budget--Performance/Annual-Report/Annual-Report-2011-12. aspx［2013-4-11］.

基于大科学装置的科研机构业务管理模式

第四章

第一节　美国能源部国家实验室

一、美国能源部基本概况

美国能源部（DOE）国家实验室可溯源于第二次世界大战。为了先于纳粹德国制造出原子弹，美国实施了曼哈顿计划，明确的战略任务催生了一批旨在推进核武器研究的国家实验室，如劳伦斯伯克利国家实验室、阿贡国家实验室、洛斯阿拉莫斯国家实验室、橡树岭国家实验室等。其后，源于在核能和平利用和国防领域的明确需求，成立了布鲁克海文国家实验室、劳伦斯利弗莫尔国家实验室等一批国家实验室。这些国家实验室成为美国在激烈的国际竞争中不可替代的战略力量。冷战结束后，国际经济和综合国力竞争的需求更加突出，能源部部分国家实验室在保持其核心使命和传统优势的基础上，拓展研究方向，成为多学科交叉的综合研究中心。

目前，能源部共有 17 个国家实验室和 30 多个大型研究设施，员工总数约 5.6 万人，实行全额预算拨款，年度政府预算拨款近 125 亿美元。能源部国家实验室是高能物理与核物理等领域全球规模最大、综合性最强的研究机构，代表着当今世界最高水平，迄今有 87 位科学家获得诺贝尔奖，是提高美国国家创新体系的整体能力，保障美国在世界上处于能源创新领先地位的战略科技力量。

二、美国能源部组织结构与各部门职责

1946 年，美国国会通过《原子能法案》，美国总统任命 5 名委员组成原子能委员会

（AEC），接管第二次世界大战时期为研制核武器而建立的国家实验室：20 世纪 40 ～ 50 年代其研发重点以核武器与核能为主，建设了粒子加速器、对撞机等大科学装置；20 世纪 60 ～ 70 年代其研发重点是射线防护标准、核技术的环境影响、放射线同位素医疗诊断技术。1971 年，由于海外石油禁运，美国因担心油价上涨，总统与国会授权 AEC 将国家实验室的研究领域由核能扩展到非核能的其他能源形式与其他技术。1974 年，阿拉伯石油禁运，国会通过《能源重组法案》，美国发起新一轮拨款 100 亿美元的国家能源政策计划。1975 年，联邦能源研发预算翻了一番，国会宣布成立能源研发管理署（ERAD）取代 AEC，其研究范围进一步拓展。1977 年，依照《能源部组织法》，DOE 取代 ERAD，形成目前的 DOE 业务格局，负责联邦政府能源政策制定、能源行业管理、能源技术研发、清洁能源的生产和利用、核能研发和核安全管理，及核武器研制、环境保护等。

DOE 的使命是“通过利用革新的科学和技术方案来应对能源、环境和核挑战，保障美国的安全和繁荣”。2014 年 4 月能源部将能源副部长和科学副部长两个职位合为科学技术副部长一职，下设科学技术办公室，统一对原科学办公室、化石能源办公室、能源效率与可再生能源办公室，以及核能源办公室下属的 13 个非武器相关的国家实验室的规划、评估与管理；另在科学技术副部长下设立能源创新、计算创新、生物创新、环境研究和物理创新 5 个助理部长，这意味着能源部正加强对国家实验室系统的整合，使其更好地满足工业界对交叉问题解决方案的需求（图 4-1）。

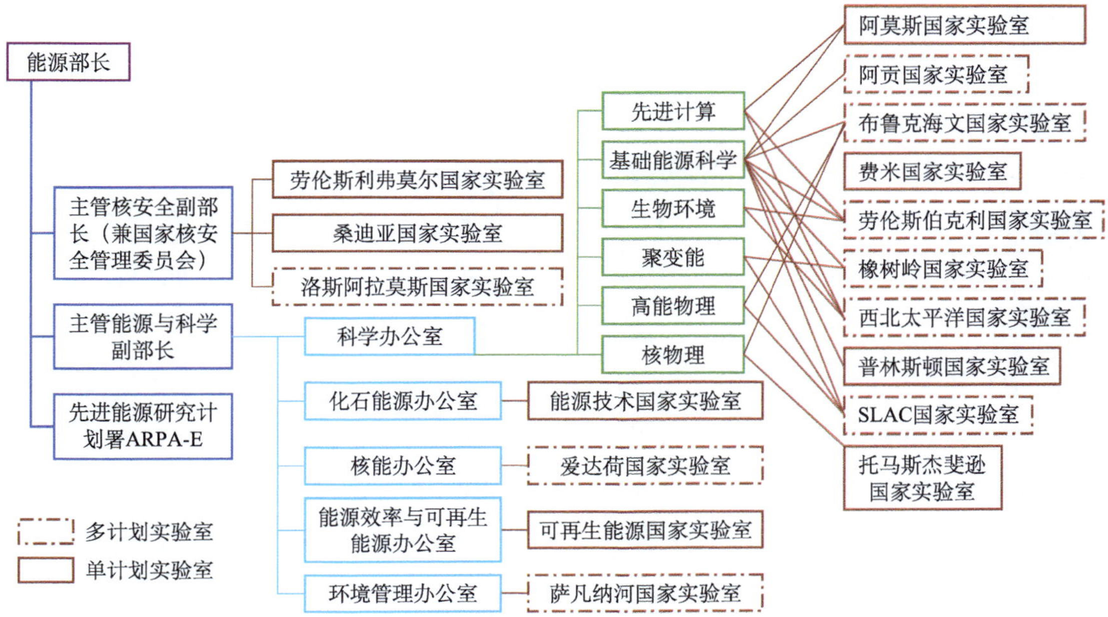

图4-1　能源部组织结构图

三、美国能源部国家实验室的使命定位

能源部国家实验室是推进美国科技创新，实现能源部科学、能源、环境和国家安全四大使命的领导力量，其科研目标与国家战略目标一致，有助于促进国家科技进步，提高国家创新体系的整体能力，保障美国在世界上处于科技领先的地位。

能源部国家实验室定位于对私人部门而言不具有商业可行性又超越大学和私人研究机构能力的科技领域开展多学科研究：执行政府具有复杂的安全管理与其他运行挑战的长期科技任务；在大学和企业之外发展独特的科研能力，使科学界和技术界受益；发展并保持对政府至关重要的科技能力，确保政府有一支战略科技力量。与美国创新体系其他单元相比，其特点是：持续支持开展能源部使命的任务导向型研究；从事大规模长期性科学研究；由多学科背景的科研人员组成研究团队；运行大型研究设施；拥有安全的运行环境，可开展危险性、敏感性或保密性研究[①]。

四、美国能源部国家实验室的管理结构

（一）能源部对国家实验室的管理职责

能源部所属的 17 个国家实验室由能源部相应的计划办公室主管，其中科学办公室管理 10 个国家实验室，国家核安全管理委员会管理 3 个，能源效率与可再生能源办公室、核能办公室、化石能源办公室、环境管理办公室各管理 1 个（图 4-2）。

能源部相应的计划办公室对国家实验室的管理体现在规划战略、计划项目、资源配置和绩效评估等方面，计划办公室对国家实验室的管理职责包括[②]：①保持强大的实验室系统。确保每个国家实验室制定既符合实验室特点又能满足国家广泛需求的长远愿景与战略，在确保每个实验室都有特殊专长的同时，国家实验室系统能够支撑国家的长期任务。②设立并资助面向国家实验室的研究计划。能够预测并理解政府的政策与国会预算方向，并将其转化为研究优先领域、制订研究计划，充分利用国家实验室的优势，并基于价值评议程序分配研究项目经费。③建设并更新世界级的研究设施。确保有特色与有价值的研究设施供政府资助的科研项目与广大科学界使用。④维护实验室的基础设施。确保核心实验室的研究设备、仪器与设施的维护与前沿科学、极高的环境与安全标准相一致。⑤评估并确保管

---

① DOE. Distinctive Characteristics of the U.S. Department of Energy's National Laboratories.http：//energy.gov/［2012-10-22］.

② DOE. Stewardship of the National Laboratories.http：//energy. gov/［2012-10-22］.

理与运行绩效。对国家实验室的预期管理绩效提供明确的指导与可操作的反馈意见，从而管理好这些重要的国家资产，保护工作人员安全、保护所在社区的安全，并对信息与资料提供适当保护。

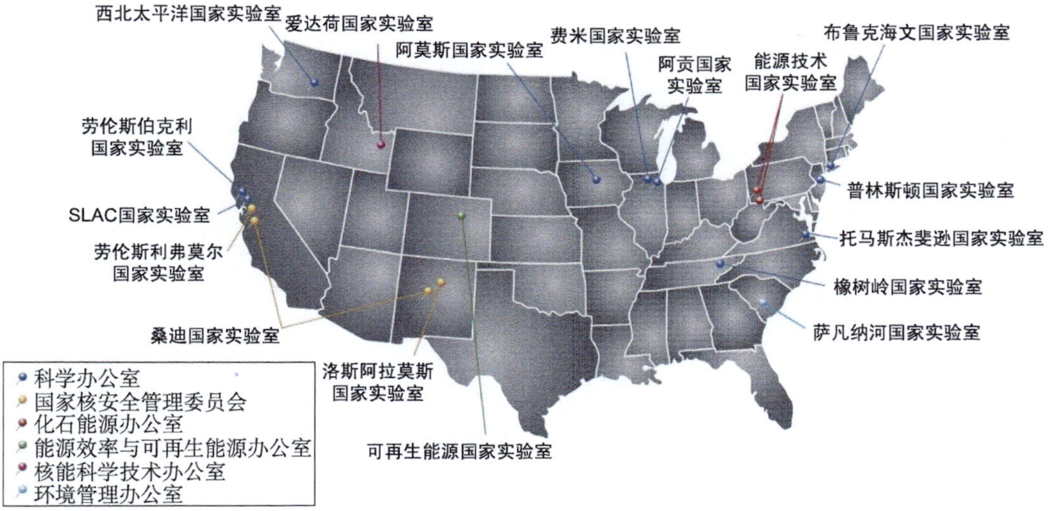

图4-2　能源部国家实验室的布局与管理分工

此外，能源部通过国家实验室区域运行办公室负责监管国家实验室与企业之间的合同委托研究协议条款审批等相关事宜。

（二）能源部对国家实验室的管理模式

能源部 17 个国家实验室中有 16 个国家实验室通过管理与运行合同委托大学、企业或非营利性机构（合同管理承包方）负责运行管理，即实行政府所有、合同运行（GOCO）的管理模式，只有能源技术国家实验室采用政府所有、政府运行（GOGO）的管理模式[①]。GOCO 模式给予合同管理承包方更多的灵活性，有助于将其研究管理经验应用到国家实验室，亦有助于国家实验室与学术界和企业界广泛接触，吸引一流科学家，并使国家实验室能够快速适应国家研究优先领域的变化调整。国家实验室的合同管理承包方按照与能源部协商签署的管理与运行合同，提取实验室业务运行费的 1% ～ 3.5% 作为运行管理费（图 4-3）。

（三）国家实验室合同管理承包方的遴选

1996 年，DOE 开始通过竞争程序遴选 16 个 GOCO 管理模式的国家实验室的合同管理

① DOE. Managing the National Laboratories. http：//energy. gov/［2012-10-15］.

承包方。委托管理合同有效期 5 年，5 年后能源部对国家实验室进行评估，并决定委托管理合同的续签与变更。在下列情况下，DOE 将通过竞争程序遴选出新的国家实验室的合同管理承包方[①]：国家实验室合同管理承包方的管理绩效欠佳；通过竞争找出可降低国家实验室成本或提高国家实验室技术水平的潜力；市场上有具有竞争力的替代者；改变实验室的使命重点。目前，DOE 国家实验室中有 14 个国家实验室至少经历过一次合同管理承包方竞争遴选程序；2005 年以来，有 11 个国家实验室的合同管理承包方参与竞标[②]。

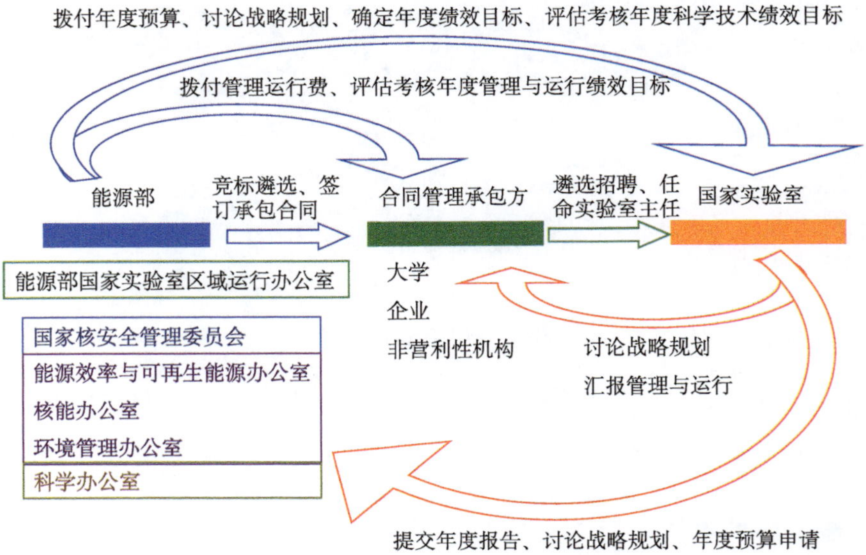

图4-3　能源部国家实验室GOCO管理模式示意图

例如，自成立以来洛斯阿拉莫斯国家实验室长期委托加州大学负责运营管理，但因能源部对其近年的管理绩效不满，2006 年 6 月，通过竞争遴选由新成立的洛斯阿拉莫斯国家安全公司作为洛斯阿拉莫斯国家实验室新的合同管理承包方负责其管理和运行。同样，2006 年 10 月，通过竞争遴选阿贡有限责任公司取代芝加哥大学成为阿贡国家实验室新的合同管理承包方负责其管理和运行。

能源部对国家实验室合同管理承包方的遴选标准包括：承包方的合同管理经验及其对国家实验室的科学与运行管理绩效；承包方对国家实验室重要人员及实验室主任的人选情况；承包方履行 DOE 国家实验室使命的战略；承包方实现世界级科学研究与发展卓

① Why Does DOE Use Management and Operating Contracts for the Operation of Its FFRDC National Laboratories? http：//energy.gov/ [2012-12-26].

② DOE.Management & Operating （M&O） Contracts. http：//science. energy. gov/lp/management-and-operating-contracts/ [2013-1-13].

越性管理的战略与方法，以及运行与业务管理战略；承包方能够给国家实验室提供的增加价值。

（四）国家实验室合同管理承包方的职责

“承包合同”“特别合同要求”及“合同条款”的主要内容可以反映国家实验室委托管理合同承包方对国家实验室的管理职责。

“承包合同”主要规定：承包方提供人员、基础设施等及政府提供资金情况；工作任务及要求陈述；实验室必须制订完成政府战略任务的实施规划，以及政府的预期目标、绩效目标及评估指标等；工作中有关物品在保存、运输时的包装和标注情况；政府有权对研究工作进行检查并进行绩效评估；合同的期限、延期、暂停及工作地点；合同管理信息。

“特别合同要求”主要规定：政府提供的设施等固定资产情况；承包方制定的预算、劳动关系，对承包方进行绩效评估的标准；承担能源部以外的科研任务；工作人员的工资、伤亡补偿等待遇；允许及禁止的开支，实验室下包的管理；学术自由及游说限制等内容。

“合同条款”主要规定：承包方违反合同的具体惩罚措施；承包方的开支规划、设备的使用；有毒物质的处理、残障人员的雇佣、保密及信息公开、财务管理等内容。

五、美国能源部国家实验室的运行机制

运行管理方一般通过董事会对国家实验室进行行政管理和监督，为实验室的发展方向和运营提供指导和帮助，对重大事项做出决策。董事会由利益相关方的代表组成。实验室主任负责综合管理协调内部日常工作，并负责制订科学研究战略规划，向能源部计划办公室提交年度报告，选定研究方向和项目，使国家实验室发展具有可持续性（图4-4）[①]。

（一）国家实验室主任的遴选

国家实验室主任由能源部相应的计划办公室或运行承包方在全球范围内选聘，选聘标准包括学术水平、组织协调管理能力、把握新研究方向的能力、社会活动和筹资能力等，

① DOE. Office of Science Annual Laboratory Planning Process. http：//science. energy. gov/laboratories/［2012-11-18］.

国家实验室主任在任期内则依据其业绩和有关法律规定来确定是否续聘①。

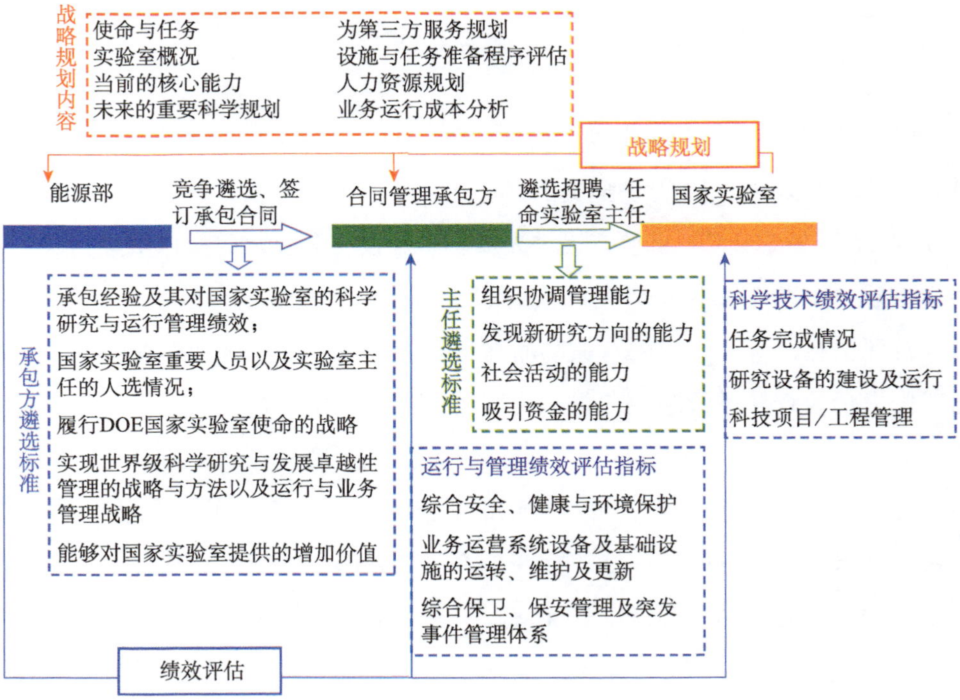

图4-4 能源部国家实验室业务运行机制

在国家实验室的运行机制中，国家实验室主任起到一个承上启下的关键作用。一方面，主任每年必须向能源部主管计划办公室提交年度报告，对国家实验室的科学研究进行长远战略规划的制订、决策；另一方面，通过实验室主任的内部合理决策，综合管理协调各科学部、项目部等实验室内部的日常工作，使实验室的运行发挥良好的功能。国家实验室主任可以将实验室运行费的一部分用来设立主任基金（实验室年度预算的 8%），由主任选定研究方向和项目，使得国家实验室的发展具有可持续性，因而国家实验室主任的遴选非常重要。

（二）国家实验室的经费配置

国家实验室的科研经费主要来自能源部相应的计划办公室与美国国土安全部，其他经费来源不足 20%。在能源部层面，国家实验室的科研经费以项目配置为主，各国家实验室根据机构使命提出若干研究课题，提交至能源部相关计划办公室，能源部对项目的新增、

① DOE. FAQs about the DOE National Laboratories.http：//science.energy.gov/～/media/lpe/pdf/FAQs_About_the_DOE_National_Laboratories. pdf［2012-12-28］.

调整或淘汰进行审批，再将所有项目打包，向总统和国会申请机构科研预算。项目确定以后，实验室按照任务节点组织协调研发工作。

例如，2012 财年，能源部科学办公室下属 10 个国家实验室其经费主要来自能源部科学办公室、能源技术办公室、环境管理办公室与国家核安全管理委员会，第三方经费都不足 20%：费米国家实验室、普林斯顿国家实验室、SLAC 国家实验室与托马斯杰斐逊国家实验室近 95% 的经费来自能源部科学办公室；经费体量最大的橡树岭国家实验室来自能源部预算拨款高达 11.27 亿美元，占其总经费的 80%；经费体量最小的阿莫斯国家实验室来自能源部的预算拨款为 2400 万美元，约占其总经费的 85%（图 4-5）[①]。

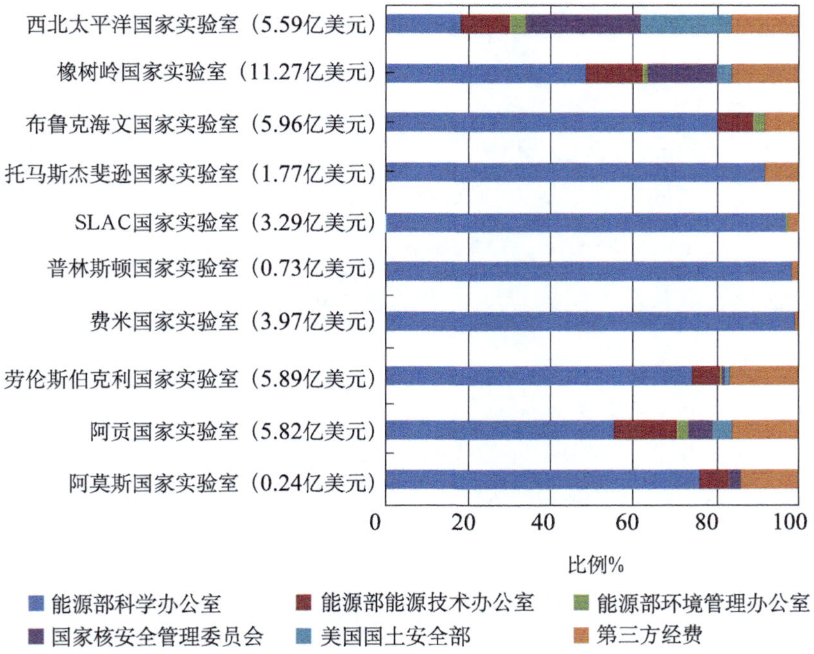

图4-5　能源部科学办公室所属10个国家实验室2012财年经费来源构成

（三）国家实验室的战略规划

2006 年开始，《能源与水力开发拨款法》要求每个国家实验室制订战略规划。实验室制订出战略规划初稿，与能源部相应的计划办公室领导讨论，讨论的重点是：实验室的未来发展方向、实验室的优势与劣势、面临的近期与长期挑战、资源需求等。讨论的目的是：①对实验室的管理目标达成共识；②对实验室发展目标与 DOE 使命支撑需求达成共识；③制订实验室 10 年发展战略规划；④满足 DOE 汇报要求。

① DOE Department of Energy FY 2013 Congressional Budget Request， Laboratory Tables Preliminary. http：//science. energy. gov/laboratories/［2012-4-5］.

国家实验室战略规划包括以下八大内容①：实验室的使命与任务，包括实验室的历史、位置、人员、核心能力等总结；实验室概况，包括经费来源与运行成本、人力资源概况；实验室当前的核心能力；实验室未来的重要科学规划，包括科学计划的愿景、维持世界级实验室所需的资源与管理风险等；为第三方服务（work for others，WFO）的规划，除 DOE 与美国国土安全部外实验室为其他联邦机构和私营部门提供第三方服务要说明 WFO 对实验室核心能力以及完成 DOE 使命的帮助，并提供目前 WFO 的清单附件，以及实验室获得 WFO 的资助水平上限不能超过实验室总运行经费的 20%；实验室的设施与任务准备程度评估，评估实验室设施与设备需求及其维护状况等；实验室人力资源规划，分析实验室的人力资源需求并提出解决方案；实验室业务运行成本分析摘要。

（四）国家实验室的绩效评估

能源部对各国家实验室定期进行绩效评估。与运行管理承包方签订委托管理合同后，相应的计划办公室与合同管理承包方讨论确定年度科学研究与实验室管理的绩效目标，并据此进行评估，绩效评估结果与能源部的预算拨款挂钩，以此推动国家实验室效能的发挥。评估指标包括任务完成情况、研究设施建设及运行情况、科技项目管理情况、承包方对实验室的领导与管理情况等。

例如，能源部科学办公室的科学计划处负责对其下属的 10 个国家实验室的第 1 ～ 3 项绩效目标进行评估，并征集对国家实验室提供 100 万美元以上经费资助的相关联邦机构的意见，其意见权重与经费总量挂钩；能源部科学办公室依据科学计划处与国家实验室区域运行办公室对第 4 项绩效目标提出的评估意见确定最终评估结果；能源部国家实验室区域运行办公室负责对第 5 ～ 8 项绩效目标进行评估（表 4-1）②。

表 4-1 能源部科学办公室所属国家实验室的绩效评估

绩效评估维度	绩效目标	评估机构
科学与技术	1. 任务完成情况	能源部科学办公室的科学计划处
	2. 研究设备的建设及运行	
	3. 科技项目 / 工程管理	
管理与运行	4. 承包方对实验室的领导与管理	能源部科学办公室
	5. 综合安全、健康与环境保护	能源部国家实验室区域运行办公室
	6. 业务运行系统	
	7. 设备及基础设施的运转、维护及更新	
	8. 综合保卫、保安管理及突发事件管理系统	

① DOE Office of Science.Office of Science Annual Laboratory Planning Process. http：//science.energy.gov/laboratories/［2013-5-14］.

② DOE Office of Science.The Office of Science Laboratory Appraisal Process. http：//science.energy.gov/laboratories/［2013-6-12］.

每项绩效目标的评分为5分制，4～8项绩效目标评估得分在3.1～3.4达到B+级被认为承包方对国家实验室的管理达到了能源部的预期目标。2011财年能源部科学办公室所属的10个国家实验室绩效目标评估结果显示，有7个国家实验室全部达到或超过了能源部的各项绩效目标，仅阿贡、布鲁克海文与托马斯杰斐逊3个国家实验室各有1项绩效目标评估结果低于能源部的绩效目标水平（表4-2）①。

表4-2　能源部科学办公室所属10个国家实验室2011财年绩效评估结果

绩效目标	阿莫斯	阿贡	布鲁克海文	费米	劳伦斯伯克利	橡树岭	西北太平洋	普林斯顿	SLAC	托马斯杰斐逊
1. 任务完成情况	A−	A−	A−	A−	A−	A−	A−	A−	A−	A−
2. 研究设施的建设与运行	A	A−	B+	A−	B+	B+	B+	B+	A	A−
3. 科技项目/工程管理	B+	A−	A−	A−	B+	A−	A−	A−	B+	B+
4. 承包方对实验室的领导与管理	B+	A−	B+	B+	A−	A	A	A−	A	B
5. 综合安全、健康与环境保护	B+	B	B−	B+	B+	A−	B+	B+	B+	B+
6. 业务运行系统	B+	B+	B+	B+	B+	B+	B+	B+	B+	B+
7. 设备及基础设施的运转、维护及更新	A−	A	B+	A−	B+	A−	A−	B+	A−	B+
8. 综合保卫、保安管理及突发事件管理系统	B+	B+	A−	B+	B+	B+	A−	B+	B+	B+

（五）国家实验室的技术转移

1. 技术转移转化政策

1986年《联邦技术转移法》允许联邦实验室与企业签订合作研究与开发协议（CRADA）、设立联邦实验室联盟等。此后，1989年《国家竞争力技术转移法案》、2000年《技术转移与商业化法案等》成为美国能源部国家实验室技术转移转化的立法基础。2005年《能源政策法案》与2007年《竞争力法案》进一步要求能源部为增强国家经济竞争力、改善环境与提高生活质量等加强国家实验室的技术转移活动。按照2005年《能源政策法案》要求，能源部的技术转移组织形式分为能源部总部与国家实验室两个层面②。

2007年，能源部依照《能源政策法案》要求设立了2000万美元的能源技术商业化基

① DOE.Office of Science Laboratory Appraisal Process.http：//science.energy.gov/～/media/lpe/pdf/Office_of_Science_Laboratory_Appraisal_Process_01-10-2011. pdf［2012-12-27］.

② DOE.Technology Transfer Working Group（TTWG）. http：//techtransfer. energy. gov［2012-12-23］.

金，并任命技术转移协调员、成立技术转移政策委员会，负责对能源部技术转移政策进行综合评估，目的是加速能源技术向市场推广的速度。2015 年 2 月，能源部宣布成立技术转移办公室，以推动能源部国家实验室研发成果市场化。

2007 年以来，能源部各国家实验室相继设立了技术转移办公室，负责推进研发成果的市场化。按照法律要求，能源部每年至少将其研发预算的 0.5% 用于支持国家实验室的技术转移；并规定国家实验室科研人员个人职务发明专利技术转移收入提成可不少于 15%，每年的奖励上限为 15 万美元。

2. 技术转移转化机制

国家实验室的技术转移转化机制主要包括①：①合作研究与开发协议（Cooperative Research and Development Agreement，CRADA），企业、学术机构及非营利性组织与能源部国家实验室合作致力于共同的研究活动，是应用最广泛的合作研究机制；②第三方服务协议，非联邦伙伴利用国家实验室独特能力开展界定范围的工作或任务；③用户设施协议（User Facility Agreements，UFA），允许来自产业界、大学及其他政府机构的外部用户利用国家实验室的实验研究设备和设施进行研究；④技术许可。2010 年，能源部 17 个国家实验室的技术转移活动包括：700 个合作研究与开发协议、2200 个为第三方服务协议、4400 个用户设施协议、6000 个技术许可协议②。

2011 年 3 月，能源部发起“超级能源创新者”挑战计划，将企业使用国家实验室大科学装置开展研究的预付费天数由 90 日缩短为 60 日，从而减轻企业使用大科学装置的预付费负担。此外，初创企业可以 1000 美元获得国家实验室突破性技术的使用许可，每个初创公司一次最多可以申请 3 个技术许可，为初创公司平均节省 1 万～ 5 万美元的技术许可费，降低了小企业获得国家实验室机制技术许可门槛。

2011 年 12 月，为减少国家实验室与创新型企业合作的障碍，能源部推出技术商业化协议（Agreements for Commercializing Technology，ACT）③。2012年2月，能源部遴选出阿莫斯国家实验室、布鲁克海文国家实验室、爱达荷国家实验室、劳伦斯利弗莫尔国家实验室、可再生能源国家实验室、橡树岭国家实验室、西北太平洋国家实验室、萨凡纳河国家实验室 8 个国家实验室参与 ACT 计划，使企业能够访问实验室的研究成果、使用研究设施并与

---

① DOE.How do DOE and the laboratories address the need to move research findings from the laboratories， to the market place? http：//energy.gov/［2012-12-17］.

② DOE.Tapping Our Commercial Potential： Work with the National Labs.http：//energy.gov/articles/tapping-our-commercial-potential-work-national-labs［2015-3-23］.

③ DOE. Energy Department Announces New Initiative to Remove Barriers for Industry to Work with National Labs. Commercialize Technology. http：//energy.gov/［2012-3-23］.

科学家建立合作关系，从而将创新产品带入市场。ACT 协议的知识产权要求与 CARDA 和 WFO 不同：CARDA 下，知识产权归发明者，公司可以优先许可；WFO 下，公司可以持有发明的知识产权，但政府有使用权；ACT 下，政府的使用权仅限于研究所用。ACT 将使企业能够与能源部国家实验室合作共同完成清洁能源技术的开发与交付，减少企业与能源部国家实验室合作所涉及的繁杂的行政要求。

2014 年 10 月，能源部投入 2300 万美元发起“国家实验室 - 联盟”试验计划（Lab-Corps Pilot Program）①，向国家实验室的研究团队提供更好的培训课程与一系列的技术商业化资源，包括技术验证与测试、设备获取、技术经济分析、孵化服务等，使国家实验室的研究团队能够获得市场对清洁能源技术的直接反馈，从而获得创建初创企业、与产业建立合作伙伴关系、签署技术许可协议或其他技术商业化机遇，以加速国家实验室创新清洁能源技术的市场商业化。能源部遴选出可再生能源国家实验室、阿贡国家实验室、爱达荷国家实验室、劳伦斯伯克利国家实验室、劳伦斯利弗莫尔国家实验室、西北太平洋国家实验室 6 个国家实验室参与该计划。

六、美国能源部对跨国家实验室任务的组织

为促进美国能源系统适时、关键而有效地转型，保证美国在清洁能源技术领域的领先地位，实现奥巴马总统的清洁能源战略，2009 年，美国能源部参照以第二次世界大战期间大获成功的曼哈顿计划为代表的具有集中科学管理特征的科研管理模式推出了能源创新中心（Energy Innovation Hub）资助计划，组织跨国家实验室任务，由国家实验室、大学与企业组成联盟，组成具有科学与工程学科背景的大型研究团队的多学科综合研究中心，各能源创新中心围绕能源领域超出单一学科或工程范畴的相关问题开展从基础研究到潜在商业化各阶段研究，能源创新中心牵头机构必须提供主要场所并具有强有力的学术领导能力，能源创新中心首席科学家具有研究管理权。能源部相应的计划办公室负责能源创新中心资助管理，资助周期为五年，第一年每个能源创新中心资助 2200 万美元研究经费与 1000 万美元的基础设施经费，此后四年每个能源创新中心每年资助 2500 万美元研究经费（表 4-3）②。

---

① DOE. Energy Department Announces New Lab Program to Accelerate Commercialization of Clean Energy Technologies.http：//energy.gov/articles/energy-department-announces-new-lab-program-accelerate-commercialization-clean-energy［2012-1-3］.

② DOE. Energy Innovation Hubs. http：//energy.gov/［2013-12-5］.

表 4-3　能源创新中心跨国家实验室合作情况

资助来源	能源创新中心	牵头机构	合作机构
科学办公室	人造光合作用联合研究中心：致力于模拟自然光合作用来进行实际能源生产，目标是将太阳能制燃料从基础研究（需耗时数十年）扩展到应用研究和技术开发，进而为创造新的产业奠定基础	加州理工学院与劳伦斯伯克利国家实验室	SLAC 国家实验室、加州大学伯克利分校、加州大学圣塔芭芭拉分校、加州大学欧文分校及加州大学圣迭戈分校
核能办公室	核反应堆设计与工程学创新中心：致力于对目前运行的反应堆进行仿真建模，利用“虚拟模型”来解决有关核反应堆在近期、中期和长期运作与安全方面的重要技术问题	橡树岭国家实验室	电力科学研究院、爱达荷国家实验室、洛斯阿拉莫斯国家实验室、麻省理工学院、北卡罗来纳州立大学、桑迪亚国家实验室、田纳西流域管理局、密歇根大学、西屋电气公司等
能源效率与可再生能源办公室	商业与住宅建筑设计、建造与改造能源效率创新中心：致力于研究、开发和示范针对单体建筑和地区范围建筑群的高能效建筑构件、系统和模型等节能技术，并结合政策、市场和行为作用的系统分析，以推动能源技术在建筑群中的推广和利用	宾夕法尼亚州立大学	巴尔弗・贝蒂公司、拜耳材料科技、德雷塞尔大学、劳伦斯利弗莫尔国家实验室、卡内基梅隆大学、IBM 研究中心、Lutron Electronics 公司、麻省理工学院、摩根州立大学、新泽西理工学院等
科学办公室	电池与储能研究创新中心：探索交通和公共规模储能的新材料、设备、系统及方法；鼓励新的储能设计和开发工作，扩展原型器件来验证电化学储存的全新方法，克服当前的制造限制，通过创新来降低复杂性和成本	阿贡国家实验室	劳伦斯伯克利国家实验室、西北太平洋国家实验室、桑迪亚国家实验室、斯坦福大学直线加速器国家实验室、西北大学、芝加哥大学、伊利诺伊大学、伊利诺伊大学香槟分校、密歇根大学、陶氏化学、应用材料公司、江森自控、清洁能源信托公司等
核能办公室	关键材料能源创新中心：致力于解决关键材料整个生命周期的挑战，包括矿物加工、制造、替代物、有效使用及生命终结回收	阿莫斯国家实验室	爱达荷国家实验室、劳伦斯利弗莫尔国家实验室、橡树岭国家实验室与布朗大学、科罗拉多矿学院、普渡大学、罗斯格大学、加州大学戴维斯分校、爱达荷州立大学、佛罗里达产业与磷酸盐研究所、通用电器等

（张秋菊 执笔）

第二节　德国亥姆霍兹联合会

一、德国亥姆霍兹联合会基本概况

德国亥姆霍兹国家研究中心联合会（HGF，简称亥姆霍兹联合会）是德国最大、最重要的科研机构之一，主要是在能源、地球与环境、健康、关键技术、物质、航空航天与交通等六大领域里从事着眼于未来应用的基础研究，即前瞻性的国家任务为导向的研究。该联合会具备开展大型重大科学项目研究工作的基本条件，诸如长期规划的可能性、高密度的科学能力，以及一批卓越的有些甚至是世界唯一的大型科学基础设施，是德国唯一一个不仅能提供单个问题的解决方法，而且还能提供对科学界、社会和经济界具有重要意义的复杂性问题解决方案的科研组织。

2014 年，在联合会所属 18 个国家研究中心内共有员工 38 036 人，其中科学家 14 734 人，博士生 7446 人。2015 年度预算 42.4 亿欧元，其中约 2/3 来自联邦和州政府资助（联邦和州按 9 ∶ 1 提供），1/3 来自横向经费。每年约有 400 项新专利登记，每年的专利许可收入约 1420 万欧元[①]。

由于亥姆霍兹联合会下属的研究中心都是实行科学自治的独立法人，尤其是其机构式资助经费是由联邦和州政府直接划拨的，所以，严格地说，亥姆霍兹联合会并非真正意义上的权力机构或者行政实体，它所作出的所有决策都必须借由各亥姆霍兹研究中心董事会的决议来实施和实现。

二、德国亥姆霍兹联合会使命与定位

亥姆霍兹联合会的使命包括三个方面：①着眼于中长期国家科技任务，通过前瞻性、综合性应用基础研究，解决科技与经济面临的重大挑战和可持续发展难题，为保障德国的经济竞争力提供支撑；②通过与本国及国际伙伴的紧密协作，利用自身的大型设备和科学仪器，对复杂系统进行跨学科的应用基础科学研究，力图解决社会的可持续发展难题，并保障德国经济的竞争力；③把科技进步、创新应用和社会发展远景规划相结合，为未来社会发展做出贡献。

亥姆霍兹联合会的目标是：①为基础科学问题做出实质性贡献，招徕国际公认的各研究领域的一流人才；②全面探讨来自科学界、社会和经济界的复杂问题，并提出相应的系统解决方案；③探索运用基础研究成果的有效方法与途径，并贯彻实施；④为服务行业以及政界和社会提出解决实际问题的决策建议；⑤为提高德国科研体制的效力和吸引力做出重大贡献[②]。

---

① Helmholtz Gemeinschaft. Zahlen und Fakten. http：//www.helmholtz.de/ueber_uns/die_gemeinschaft/zahlen_und_fakten/［2015-12-2］.

② Helmholtz Gemeinschaft. Mission der Helmholtz-Gemeinschaft. http：//www.helmholtz.de/ueber_uns/die_gemeinschaft/mission/［2015-12-2］.

三、德国亥姆霍兹联合会管理结构

亥姆霍兹联合会的前身是20世纪70年代初成立的大科学中心联合会（AGF），1995年改为现名，并于2001年由过去相对松散的组织结构正式改组为由各具法律独立性的成员中心组成的注册协会。

联合会组织结构合理完备，根据联合会章程，联合会的最高决策机构是成员大会和评议会，决策咨询机构是投资者委员会和评议会委员会（图4-6）。驻柏林和波恩的亥姆霍兹办公室负责支持主席的工作，完成他为该联合会成员所接受的任务。

成员大会是联合会的最高权力机构。对联合会的一切重大事务有决定权，并享有联合会主席和副主席的提名权。成员大会主要由各研究中心董事会及科学技术委员会的成员组成。

评议会是成员大会外的最高决策和执行机构。主要负责研究中心的建立、撤销、兼（合）并、转制、转向等重大事务，并选举联合会主席和副主席。评议会委员由投资者委员会聘任，它除了有由各学科领域选举出来的17位科学家之外，还有联邦教研部长、德国研究联合会主席、马普学会主席、弗劳恩霍夫协会主席、科学委员会主席、大学校长会议主席、若干州的科学部长，以及任期为3年的其他科学界和经济界的代表。评议会的一个重要任务是，决定课题优选权并向投资者推荐，决定对研究计划的财政资助。评议会每年召开两次会议。其评议会委员由12人组成，他们都是来自国内外著名机构的知名人物。

投资者委员会主要由联邦和州政府代表组成，是联邦和州政府在该联合会的常设机构，主要负责政府长期研究目标的执行、审查并监督研究预算的执行、聘任评议会委员等。

自2007年1月起，亥姆霍兹联合会的主席团有了全新的结构：联合会将在六大研究领域各设一位分管副主席，另外还增设两位负责业务管理的副主席。现主席团由主席和8名副主席构成。副主席的任务是支持、咨询和代表主席履行其任务：实施计划项目取向的资助、协调跨研究领域计划的制订和制定总体战略。每位副主席也是该联合会六大研究领域的之一的协调者，此外，主席团有两位从事行政管理的专职副主席。这种调整将强化该联合会的领导能力，每人的分工和责任都将作清晰的界定，从而使他们能更好地掌握各个研究中心的科研任务情况和需求，同时也有更强的规划设置研究方向的能力，此外也提高了科研管理的透明度。

主席负责各项资助进程的具体管理工作，包括审议评议委员会的建议和具体资助计划的实施，代表联合会参与同科学界、经济界和政府的对话。

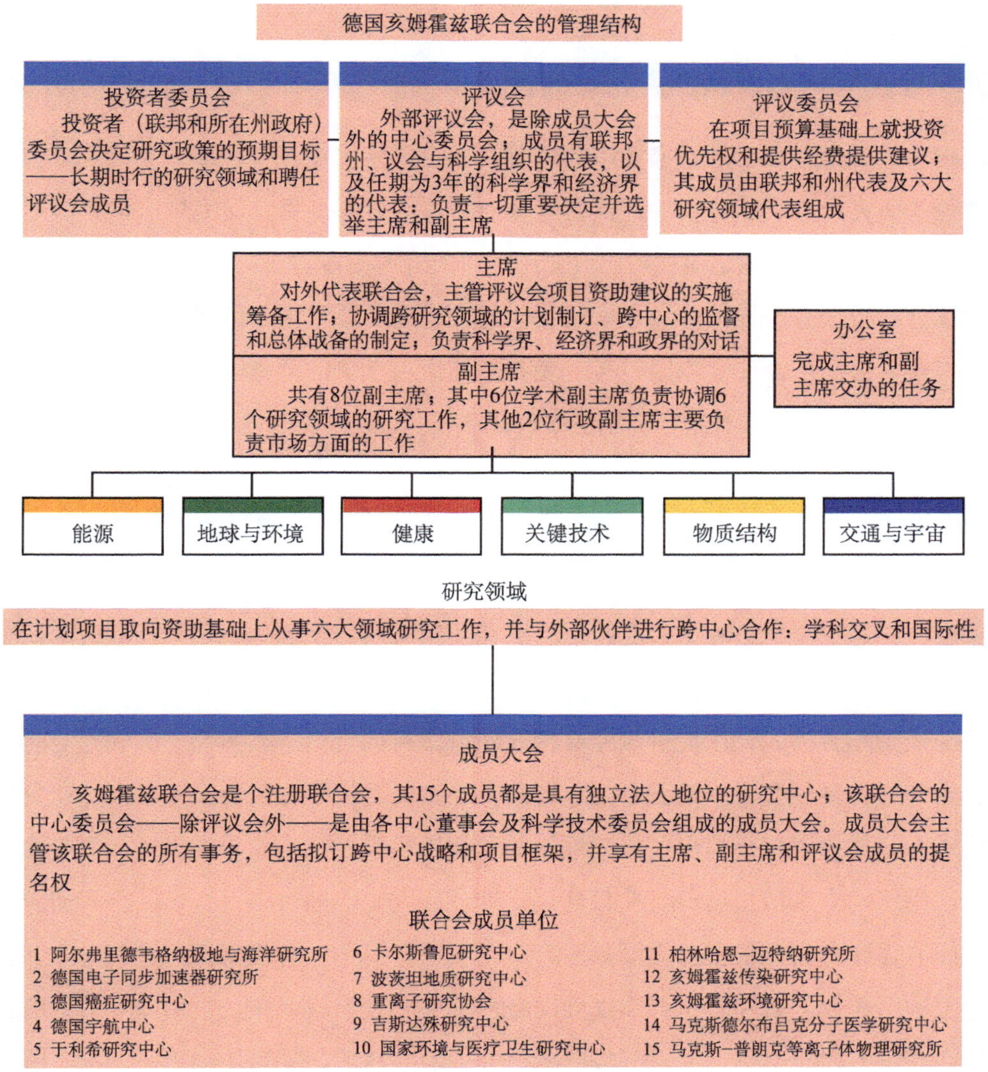

图4-6 亥姆霍兹联合会管理结构①

主席团成员有 10 人，其中有联合会主席 1 人、领域副主席 6 人、商业副主席 2 人和执行董事 1 人。

成员大会是联合会的总部委员会，为跨中心拟定的战略和计划划定范围，其他职责还包括：①决定专业委员会的组织和解散；②起草有关评议会进行选举主席的建议；③向评

① Helmholtz Gemeinschaft. Die Struktur der Helmholtz-Gemeinschaft. http：//www.helmholtz.de/ueber_uns/die_gemeinschaft/satzung_und_governance/governancestruktur/［2015-12-17］.

议会建议研究领域中的分配问题；④选举研究领域的协调者；⑤对组织有关跨中心计划的制订做出决定；⑥确定联合会业务部门的年度预算；⑦决定吸收新会员；⑧成员大会作为董事会指定召集中心科学家代表会议①。

四、德国亥姆霍兹联合会决策机制

亥姆霍兹联合会必要的研究政策和科研指标主要是由投资者，即政府确定，但在经过亥姆霍兹各研究中心、联合会的评议会与政府进行充分协商后，研究中心的科学家就可以在战略计划范围内独立确定他们各自研究领域中的研究内容。

评议会将根据其规定义务和中期规划，通过管理协调对中心的研究领域与项目课题进展进行考察。最后由评议会决定是否对现有规划做出必要的调整。会员大会是最高权力机构，有重大决定权，并享有主席和副主席的提名权。

五、德国亥姆霍兹联合会经费与项目管理机制

2001 年年初，在接受了由国际知名专家组成的国际评估委员会的系统评估之后，亥姆霍兹联合会已经成功地进行了彻底改革，仅在几年时间内就成功地使德国最大的研究组织变成更有效率和更有能力的组织，从机构式资助（资金直接划拨给各研究中心）转变为基于项目的经费配置模式，以促进研究机构之间跨学科的合作。具体而言，联邦与州政府一次性设定亥姆霍兹联合会未来五年的总经费，并按经费把研究活动框定在六个研究领域之中，要求亥姆霍兹联合会提出这些领域下的具体项目设置。为此，亥姆霍兹联合会组织各研究中心围绕六大领域提出科研项目建议，即各研究中心通过项目竞争获得科研资金。随后，亥姆霍兹联合会评议会组织国际专家对项目进行评估，并根据评估结果向联邦教研部提交最终项目建议。联邦教研部审批后向各研究中心发出科研项目资助通知，并将经费总额拨给亥姆霍兹联合会总部，总部按照各研究中心在各科研项目中的参与情况，将总经费分配到各研究中心。

六、德国亥姆霍兹联合会项目评估的组织与监督机制

亥姆霍兹联合会的评议会负责组织对项目提案进行评估，并向投资者委员会提出项目资助建议。对每个项目，评议会选择 8 ～ 10 个专家组成评估小组进行审查，评估小组的组

---

① Helmholtz Gemeinschaft. Satzung des Vereins. http：//www.helmholtz.de/fileadmin/user_upload/03_ueber_uns/organisation/satzung/2012_Satzung_Helmholtz_Gemeinschaft.pdf［2015-12-17］.

成应具有较强的国际色彩并且包括更宽范围内的专家，评估小组的主席由评议会成员担任。在专家的选择上，评议会重点考虑亥姆霍兹联合会、德国科学基金会和经费合作者推荐的人选，被选中的专家应具有杰出的学术声誉、有广博的知识和洞察力、有评估和战略决策方面的经验、与项目无利益冲突。

评估是在项目草案的基础上，按照上述的定义标准，以专家与由参与项目的中心内挑选出来的科学家进行集约对话的形式进行的，具体工作包括项目书面资料审查（由申请者提供的不超过 50 页纸的包括评估需要的全部信息的报告）、现场考察、座谈等环节。评估小组主席负责领导、组织审查工作并整合小组各成员的结论，形成小组成员一致同意的书面建议。审查包括对项目质量、战略意义、目标及所需的预算来源等内容的评估，项目评估意见提交评议会和联合会主席。

亥姆霍兹联合会评议会和评议委员会伴随整个评估过程，并基于鉴定结果制成融资建议。这是由联邦和州政府做出资助决定的基础，并从中得出用于五年期计划的单个中心预算。

七、德国亥姆霍兹联合会未来基于合作的管理模式

2012 年 9 月，亥姆霍兹联合会于发布《亥姆霍兹 2020——通过科研合作塑造未来》的文件中提出，联合会将根据旗下各研究中心的能力和所拥有的研究基础设施就不同性质的科研课题发展以下三种适当的科研合作模式。

（1）建立由联邦与州政府共同资助的国立研究机构。对于长期性科研课题，并且在该领域亥姆霍兹研究中心与所在地大学已具备足够的能力，联合会将捆绑区域能力，与大学联合建立由联邦与州政府共同资助的国立研究机构，承担解决社会重大问题和培养科研后备力量的双重任务，并努力将其发展成全球 Top10 的科研机构。联合会旗下的卡尔斯鲁厄技术研究院（由原卡尔斯鲁厄大学与原卡尔斯鲁厄研究中心合并而成）就是第一个按照该模式建立起来的机构。2012 年 11 月发起在柏林成立的健康研究中心（由德国最大的医科大学 Charite 与联合会旗下的马克斯德尔布吕克分子医学研究中心合作成立）是该模式下的第二个合作项目。

（2）建立机构式合作网络。对于长期性科研课题，但无法在一个地区汇聚多所大学和亥姆霍兹研究中心的能力，联合会将建立分散式、受政府机构式资助的战略合作网络。这类网络需要所有合作伙伴都承担起长期创建相应研究重点的职责，并且应由一个亥姆霍兹研究中心或一个亥姆霍兹联合会的研究领域进行战略组织。联合会旗下的德国神经退行性

疾病研究中心（该中心与德国九个地区的大学、大学附属医院和伙伴研究所合作）是该模式的成功范例。未来，联合会将就“可再生能源”“储能”“应对全球变化”“个性化医疗”和“高性能科学计算机”等课题建立此种合作模式。

（3）形成项目资助式的合作网络。对于发展活跃且具有巨大潜力，但无法为合作关系提供长久资助的研究课题，如“远程勘察和地球系统动力”“超级望远镜”，联合会将与受政府资助的伙伴合作，形成项目资助式的合作网络。在这种模式中，需要将亥姆霍兹受机构式经费资助的研发活动与受项目资助的研发活动紧密交叠[①]。

（黄　群　葛春雷 执笔）

第三节　欧洲核子研究中心

一、欧洲核子研究中心基本概况

欧洲核子研究中心（CERN）成立于1954年，总部位于日内瓦西部与法国接壤的边境，是世界上最大型的、由多个国家联合建设和管理的科学实验基地及粒子物理学研究中心，其主要功能是为高能物理学研究的需要提供粒子加速器和其他基础设施，以进行许多国际合作的实验；同时也设立了资料处理能力很强的大型电脑中心，协助实验数据的分析，形成了一个庞大的网络中枢。CERN拥有世界上规模最大、能量最高的粒子加速器——大型强子对撞机（LHC），以及其他先进的粒子加速器和探测器。CERN还是互联网的诞生地，在此诞生了第一个网站、第一个网络服务器和第一个浏览器。

自2014年以色列成为第一个也是目前唯一一个非欧洲成员国，目前CERN正式成员国发展到21个[②]。CERN还吸纳一些不能成为成员国的国家或国际组织成为观察成员（observer），这些国家虽不参与组织决策过程，但可以参加组织重要会议并接收文件，目前具有观察员地位的国家和组织包括美国、欧盟、印度、日本、俄罗斯等。

① Helmholtz Gemeinschaft. Helmholtz 2020-Zukunftsgestaltung durch Partnerschaft. http：//www.helmholtz.de/fileadmin/user_upload/publikationen/Helmholtz2020.pdf［2015-12-17］.

② CERN. About CERN. http：//home.cern/about［2015-12-18］.

CERN现有包括科学家、工程师、技术人员、行政人员在内的全职工作人员2500多名。每年来到CERN的访问学者、合作研究人员、学生和用户等达到13 000人，这些科学家来自80多个国家的600多个大学和研究单位①。

二、欧洲核子研究中心使命与定位

早在1954年的CERN建立公约中，就确定了组织的主要使命，描述如下：组织应为欧盟成员国在纯科学及基础性的核研究中提供合作，该组织的工作不会考虑军事相关需求，实验及理论研究的成果应公开发布或者被广泛获取。公约中还声明，CERN应该组织和支持国际研究合作，推动科学家间的联系以及与其他实验室及机构之间的交流，包括信息传播、为研究人员提供高层次培训等。

CERN的使命可以总结为以下四个方面：①研究：寻求及发现有关宇宙问题的答案。②技术：推进技术前沿。③合作：通过科学联合多国力量。④教育：培养未来的科学家②。

CERN的主要任务是组织、开发、建设大型和超大型的科学仪器，配合科学家进行科学研究，促进科技成果和自身文化的传播。

三、欧洲核子研究中心组织结构及管理

（一）组织结构

CERN的主体结构为总部及三大业务系统，如图4-7③所示。总部由中心总干事负责，下设若干功能单元。业务部门分为三大系统：行政与通用基础设施、研究与科学计算、加速器与技术。

其中，国际关系办公室就有关国际关系的所有事务为中心总干事提供咨询及支持。具体职责包括：谋划与实施国际关系战略；加强与成员国、观察国及理事会代表之间的合作；通过合作协议及其实施，支持与非成员国及国际组织的合作，并与CERN法律服务相关业务密切联系；促进外部研究机构在CERN项目中的合作。

CERN总部的功能单元及职责如表4-4所示。

---

① CERN. CERN Annual Report 2014. http：//cds. cern. ch/record/2026818/files/AnnualReport2014. pdf [2015-12-18].

② CERN.Mission.http：//public. web. cern.ch/public/en/About/Mission-en.html [2013-12-20].

③ CERN. CERN Annual Report 2014. http：//cds. cern. ch/record/2026818/files/AnnualReport2014. pdf [2015-12-18].

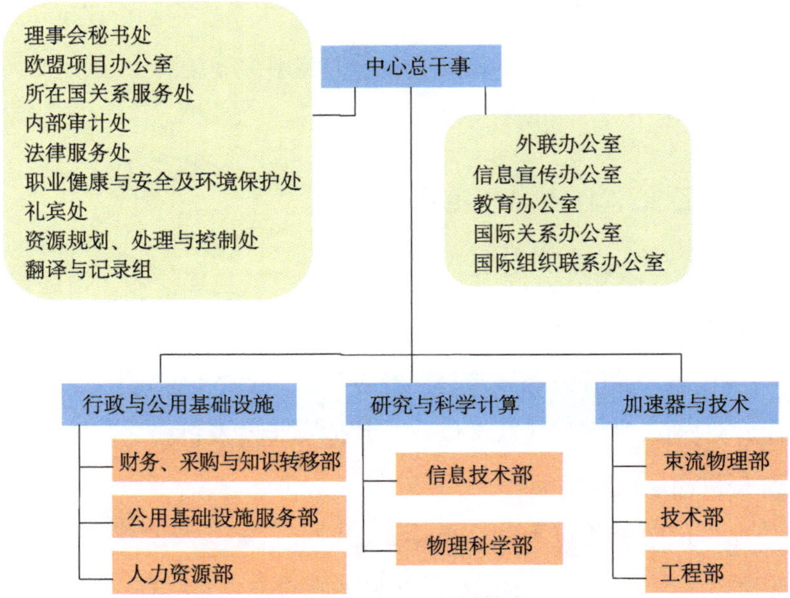

图4-7　CERN组织结构图

表 4-4　CERN 总部主要功能单元及其职责

功能单元	职责
欧盟项目办公室	监管 CERN 参与各种欧盟科技合作项目的情况，在准备和实施欧盟项目方面提供支持
所在国关系服务处	与所在国当局及其他瑞士和法国公共机构合作，与行政机构联络，起草与实施涉及行政机构的内部程序；合作处理需要行政部门介入的状况
内部审计处	进行独立、客观的担保和咨询活动，以增加价值并改善组织运行，提供监管、风险管理及控制三方面的知识，主要活动如进行审计评议、针对前期报告提供建议等
资源规划、处理与控制处	起草中期计划 / 年度预算、预算修订及年度进展报告；提出成本变动指南及支持规模；建立或提出预算章程及控制；为第三方资助项目与活动获取经费；评议人力资源规划 / 通过职业空缺等；分析、简化及协调目前组织运行中的行政程序等。由三个组构成：欧盟及 KT 项目财务管理组、财务规划组、行政组
翻译与记录组	负责 CERN 官方文件在英文及法文之间的互译，以及德文和其他欧洲语言的翻译，起草机构正式会议的纪要

（二）管理机制

1. CERN 的管理模式

CERN 的管理结构主要由一个由成员国代表组成的理事会、一个执行组织管理职责的总干事和若干咨询委员会构成。详见图 4-8。

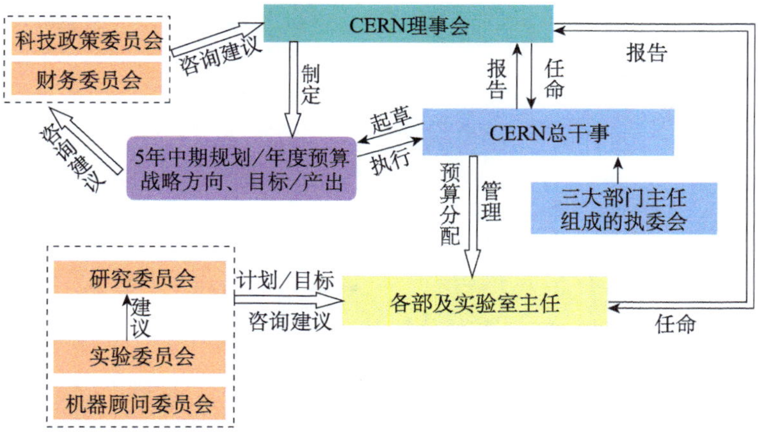

图4-8　CERN管理模式示意图

2. CERN 最高权力机构——CERN 理事会

CERN 理事会（CERN Council）是组织的最高权力机构，负责所有重要的决策事务，掌管 CERN 在科学、技术及管理方面的事务。理事会有权批准行动计划及预算，并对支出情况进行评议。理事会通过制订战略计划、设定及追踪其年度目标、批准预算及委派管理等行使管理职能。自从通过“欧洲粒子物理战略”，理事会的另一个使命是召开专门的“欧洲战略会议”。具体的实验室由总干事领导①。

理事会的责任包括：制定科学、技术与管理政策；通过组织计划；采纳不同项目之间的预算分配计划（2/3 通过）；确定员工层级；确定成员国的财务贡献。

CERN 成员国有特定的责任和义务，要为组织的资本及计划运行成本提供经费，是理事会的代表，对所有有关组织及其活动的重大决策负责。

CERN 由成员国共同负责运行，每个成员国有两名官方代表作为理事会成员，其中一名代表其政府的行政利益，另一名代表国家的科学利益。每个成员国有一个投票权力，大部分决策遵从简单多数通过，尽管实际中理事会尽可能实现达成一致同意。

CERN 理事会每年会晤四次，聚集来自 21 个成员国的代表，会议主席由理事会主席担任。理事会通常一年开会两次。闭会期间，代表们在理事会委员会中非正式会面，监视各项计划的进展，并与中心主任讨论将提交到理事会讨论的各种提议。观察员地位的非成员国和组织可以出席理事会会议，并有权获得理事会的文件，但不参加决策程序。

3. CERN 总干事及管理职能

CERN 总干事由理事会任命，负责 CERN 实验室的管理工作，任期通常为五年。总干事得到执委会的支持，执委会成员由主任向理事会提议产生。主任直接向理事会汇报，负

① CERN. CERN Council. http：//council. web. cern. ch/council/en/Welcome.html［2014-9-15］.

责中期计划的具体执行和年度预算的分配，他还可以就满足任务所必要的研究计划变化的需求的任何调整向理事会提议。

执委会构成成员包括：CERN 总干事和三个业务系统的主任，即研究与科学计算委员会主任、加速器与技术委员会主任、行政与公用基础设施委员会主任。

4. CERN 重要咨询机构

CERN 理事会主要由两个咨询机构——科技政策委员会和财务委员会来支持。财务委员会由国家代表组成，处理有关成员国财务提供，以及组织的预算和支出等相关的事务。

科技政策委员会（SPC）主要负责评估物理学家们提出的活动的科学价值，并就 CERN 的科学计划提供建议。其成员是由其同行在委员会上选出来的科学家，由理事会基于科学权威性任命，而不考虑国籍，有些成员还会从非成员国中选拔。SPC 的成员根据委员会主席的提议由理事会任命。提议的名单需要获得 SPC 成员至少 2/3 的支持。聘任期限为三年，评选的标准仅有科学能力。SPC 一般每年召开四次会议[①]。

SPC 成员有两类：①指定委员，是在科学界具有最高地位的个人，依据 SPC 的建议由理事会任命；其人员数量应反映 SPC 所需要的专业知识的范围。指定委员以个人身份参与相关活动，并不代表其国家。任期三年，往往可以连任一届，例外情况下可以继续聘任更长期限。②当然委员（Ex-officio Member），人员构成包括：CERN 实验委员会的主席及机器顾问委员会的主席，未来加速器欧盟委员会的主席（ECFA）。他们也应该以个人身份参与活动，而不代表其所在委员会。理事会可能会根据 SPC 的建议增加其他当然委员。

SPC 主席由理事会根据 SPC 的建议任命，一般是从现有的指定委员中选取。主席的任期为一年，连任不能超过两期。主席的选择程序为：首先由 SPC 拟定一个短名单（一般是从指定委员中，但也不限于此），SPC 通过秘密投票选择候选人，向理事会建议任命的候选人还必须获得至少 2/3 SPC 成员的支持[②]。

SPC 就科学相关事务向理事会提供建议，内容包括：研究计划优先领域、内部实验室及外部研究活动的资源分配方面的建议；年度性中期计划检查（即确定组织未来五年目标、活动和计划），并就此向理事会提出建议；参照前一年设定的年度目标，每年评估组织的业绩；从科技政策的观点就管理和职工安置问题向理事会提供建议；就影响组织科技活动的其他事务向理事会提出建议。

---

① CERN. The Scientific Policy Committee. http://council. web. cern. ch/council/en/SPC/SPCWelcome. html [2014-1-10].

② CERN. Revised Terms of Reference. http://council. web. cern.ch/council/en/SPC/SPCTermsRefRev6. html [2014-1-10].

（三）总部业务管理的人员情况

根据 2011 年的 CERN 人力资源统计①，CERN 目前雇用的人员总量为 2400 人，其中总部业务管理人员 94 人，详见表 4-5。

表 4-5　CERN 人员构成

部门	职员	研究人员	学徒	总员工	交换科研人员	国际合作人员	学生与培训人员	总编外人员	总人员
束流物流部	368	91	—	459	41	100	97	238	697
总部	115	16	—	131	15	33	15	63	194
职业健康与安全及环境保护处	86	24	—	110		8	13	21	131
工程部	393	84	—	477	19	43	67	129	606
财务、采购与知识转移部	78	7	—	85	4	16	14	34	119
公用基础设施服务部	252	26	—	278	—	19	26	45	323
人力资源部	74	4	22	100	—	—	6	6	106
信息技术部	214	53	—	267	—	88	42	130	397
养老保险基金管理部	21	—	—	21	—	—	—	0	21
物理科学部	484	231	—	715	530	10 988	129	11 647	12 362
技术部	439	81	—	520	17	87	86	190	710
合计	2 524	617	22	3 163	626	11 382	495	12 503	15 666

根据如图 4-9 所示的 2014 年年度报告②，CERN 人员中 16% 属于行政管理人员，而占最大部分的是应用科学家与工程师及技术人员，从事物理学研究的科学家仅占 3%。

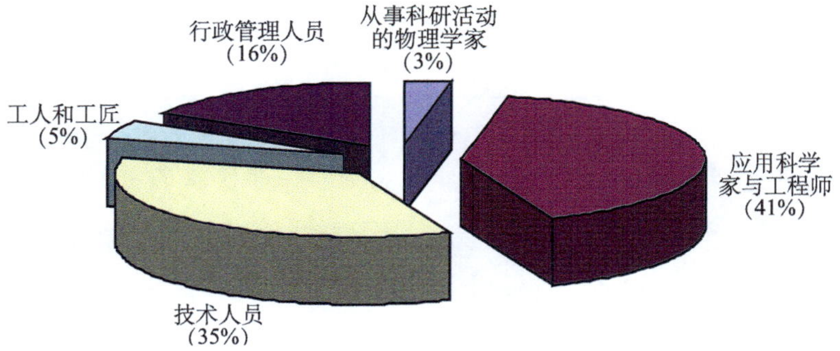

图4-9　CERN人员构成

① CERN. CERN Personnel Statistics 2014. http：//council. web. cern.ch/council/en/Governance/TREF_416%20Personnel%20 satistics%202014. pdf [2016-2-15].

② CERN. CERN Annual Report 2014. http：//cds. cern. ch/record/2026818/files/AnnualReport2014. pdf [2015-12-18].

四、欧洲核子研究中心业务管理模式

（一）机构总体规划和发展方向的确定

CERN 总体规划体现在未来 1 ～ 5 年的中期规划（Medium-Term Plan，MTP）中，但该规划每年都要制订一次，提出未来五年的战略方向、相关的科学与非科学计划目标、未来一年的整体预算、预算内特定活动的预计成本，以及活动所能取得的目标和产出。

规划制订过程如下：中期规划中要实施的战略方向（目标与产出）首先要在管理层的口头表述的基础上经过局部理事会会议（Restricted Council Session）讨论，提出草案，然后在科技政策委员会对草案讨论过后，经由理事会通过。如果年内要在不同活动之间重新分配资源，需要管理层向财务委员会会议汇报，且资源的重新分配必须在已通过的总体预算范围之内。管理层应该就前一年度的目标进展、支出与收入等提供年度报告。具体流程如表 4-6 所示。

表 4-6　CERN 中期规划制定流程

时间	流程	参与方
前一年 12 月	理事会与管理层初步讨论 召开局部理事会议	总干事 科技政策委员会 理事会
当年1月至5月	准备中期规划（未来1～5年）	管理层
当年5月	讨论中期规划	科技政策委员会
当年6月	将中期规划及未来1年的预算提交财务委员会通过	财务委员会/理事会
当年9月	若第一轮没有通过，第二轮审核通过	理事会

此外，建设和运营一个实验室（包括一个 3000 亿电子伏质子同步加速器）的项目需要获得理事会 2/3 成员国大多数通过。项目通过后，理事会应对相关管理、财务及其他条款进行明确界定，以便于对计划的适当管理①。

（二）业务部门划分及职责

1. 行政与公用基础设施局

（1）财务、采购与知识转移部。负责组织所有的财政管理、知识与技术转移活动。对

① CERN Council. Convention for the Establishment of a European Organization for Nuclear Research. http：//council. web. cern. ch/council/en/Governance/Convention.html［2013-12-25］.

内服务任务包括：会计、采购、支付、资金，以及技术相关的知识产权转移。对外为企业、大学和研究机构及成员国代表提供专门服务和信息。该部的组成单元包括：部主任办公室、财务与会计服务组、知识转移组、采购与产业服务组。

（2）公用基础设施服务部。为保障人员的健康和安全提供所需的基础设施和服务支持。部门提供和维护组织所在地的建筑及地下防御工程，以及必要的后勤服务，并负责维护实验室的技术和行政信息系统。

（3）人力资源部。为 CERN 人力资源政策相关的管理制订计划和提供战略支持。负责支持各部门的管理人员，执行集中服务任务等。主要责任领域包括：人力规划、组织发展、就业与协会条件、招聘、职业分类与薪酬管理、绩效评估、职称晋升、内部人员流动、培训与发展、社会服务、社会安全、工作条件、人事纠纷与关系处理等。

2. 研究与科学计算局

（1）信息技术部。信息技术部的使命是提供高效地完成实验室使命所需的信息技术，主要是构建世界一流的技术分析、设计、采购、实施和运行能力，并对计算基础设施和服务提供支持。信息技术部被分为不同的组和部门来为 CERN 及组织的合作者提供服务，包括：合作与信息服务、通信系统、计算设施、数据与存储服务、数据库服务、部门基础设施服务、实验支持、网格计算、操作系统与基础设施服务、平台与工程服务。其下有一个独特的公私合作单元 openlab，开展 CERN 与领先信息通信技术企业之间的合作，使命是用于世界范围内 LHC 团体的先进解决方案的开发。

（2）物理科学部。物理科学部执行实验及理论粒子物理领域的基础研究。其目的是提供一个激励性的科学空间，并作为欧洲物理学界的一个重要参考中心。此外，还开展青年科学家的教育和培训。

3. 加速器与技术局

（1）束流物理部。负责用于整个 CERN 加速器系统的束流产生、加速、诊断、控制和绩效优化的团队。其职责包括：针对 LHC 进行试运行、运行及性能优化；持续开发 LHC 注射器以满足 LHC 在质子和离子方面的需求；有关 CERN 通用基础设施的监测和基本干预；与 CERN 加速器运行相关的安全问题等。分支机构包括：加速器与束流物理组，束流设施组，管理、安全与资源组，控制组，运营组，射频组。

（2）技术部。负责现有离子加速器、设施和未来项目所特有的技术开发。主要领域涉及：磁体及其集成和保护、能量转换、低温学、高与超高真空系统、涂料与表面处置。下设若干委员会与工作组。委员会包括：管理理事会、技术会议、磁体评估理事会、LHC 机器委员会、LHC 注射器与实验设施委员会、LHC 胶合固化任务组（Splices Consolidation

Task Force），以及 LHC 磁体电路、动力与性能专门小组。工作组包括：电缆工作组、LHC 试运行工作组、LHC 互作用区升级、LHC 磁模式及其研究工作组、LHC 发光体升级工作组等。

（3）工程部。工程部为 CERN 减速器系统及其实验设施的设计、安装、运行、维护等提供工程能力、基础设施系统及技术协调。活动主要包括：运行、维护和改进冷却、通风、运送、操作、电分配等基础设施，以及为新的设施设计和安装基础设施系统；开发、运行和维护专门的加速器部件；为日常运行进行加速器及实验的技术协调等。工程部的组织构成包括：部门办公室主任、冷却与通风组、电子工程组、通用管理与安全组、操作工程组、工业控制与电气组、机器与实验设施组、机械与材料工程组，以及来源、目标与交互组。

（三）业务部门的管理结构

CERN 不同的业务部门完成不同的业务内容，所以管理结构完全不同。其中物理科学部是以从事理论研究为主的部门，其组织结构如图 4-10 所示。从图 4-10 中可以看出，物理科学部的组织结构类似于整个 CERN 的组织结构，也是按照理论研究、实验设施、基础支持及管理与服务的模块划分的。

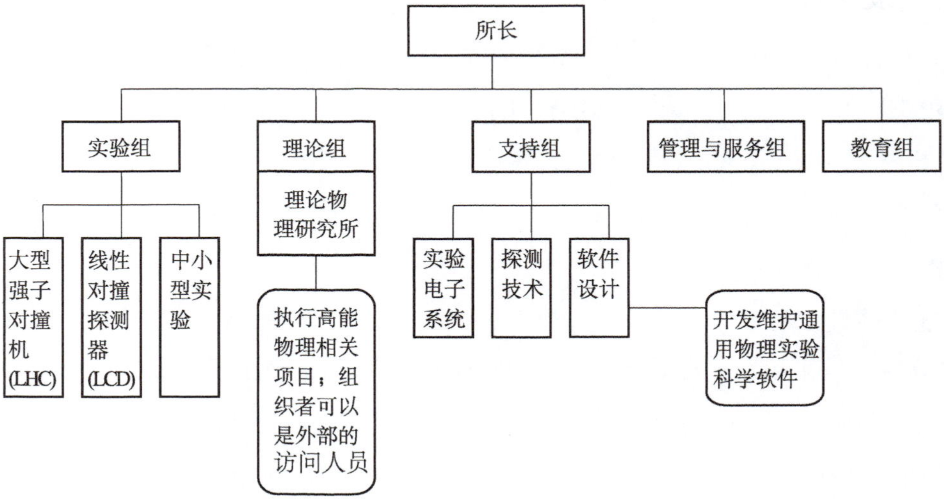

图4-10　CERN物理学部组织结构图

在具体的实验室运作决策中，发挥作用的机构包括以下三个。

（1）研究委员会（Research Board）。研究委员会接受来自所有 CERN 实验委员会的建议，并就这些建议做出决策。建议一旦通过，提案便成为 CERN 实验计划的一部分。研究委员会还负责决定加速器的日程安排等。委员会人员组成主要为各部门的主任。

（2）实验委员会（Experimental Committees）。有三个：中子飞行时间实验委员会、

LHC 实验委员会、质子同步加速器与超级质子同步加速器实验委员会。例如，LHC 实验委员会的主要目的是就探测器设计交换意见，以及评估实验的建立、安装等。所有实验室委员会都向研究委员会提供建议①。

（3）机器顾问委员会（Machine Advisory Committee，MAC）。其职责是就 CERN 加速器相关的所有事务向 CERN 主任提出建议，重点是 LHC 运行效率和升级的关键评估等。MAC 的核心成员组由八个高能对撞机和加速器方面的专家组成，根据所要评估的加速器和实验设施的不同，还会聘任相关领域有特殊专业知识的专家。核心成员任期为三年②。

据称，在具体的业务管理方面，没有明确的直接领导者、CEO 或者主席，有人称其为“合作式管理”。每项实验的领导者被称为“发言人”（spokesperson）和“资源协调者”，来跟踪经费和人员的分配情况。例如，LHC 领导者的主要任务是建立人们可以共享和交流的框架条件。

五、欧洲核子研究中心管理者任命及权责关系

（一）机构负责人的任命及职责

CERN 总干事由理事会任命。首先由符合条件的个人提交申请或成员国代表提名候选人，经评审、单独面试等过程任命。

总干事负责 CERN 实验室的管理工作，任期通常为五年。总干事由执委会支持，执委会成员由总干事向理事会提议产生，主要由部门主管组成，即中心总干事、研究与计算部主任、加速器与技术部主任、行政与公用基础设施部主任等。总干事直接向理事会汇报，他还可以根据任务需求就研究计划的变调整向理事会提议。

CERN 理事会得到科技政策委员会、财务委员会的支持。科技政策委员会负责评估物理学家们提出的活动的科学价值，并就 CERN 的科学计划提供建议。财务委员会由国家当局代表组成，处理有关成员国财政贡献，以及组织的预算和支出等相关的事务。

（二）分支机构负责人的任命及职责

每个实验室的主任都由理事会任命，需要 2/3 成员国通过，解聘也要 2/3 通过。在每个实验室，实验室主任应该是组织的首席执行官及法律代表。主任依据《CERN 建立公约》的相关财政协议条款进行财务监管。实验室主任要向理事会提交年度报告，还要参加所有

---

① CERN. LHC Experiments Committee. http：//committees. web. cern. ch/committees/lhcc/welcome. html［2014-1-11］.

② CERN. CERN Machine Advisory Committee. https：//espace. cern. ch/cern-mac/mandate. aspx［2014-1-20］.

的会议，但没有投票权。

每位主任在必要时经理事会同意可以得到科学、技术、行政管理及文员方面的员工的支持。

主任之外的所有员工的聘任和解雇都由理事会负责，但需要相关主任的建议。任何非员工的个人，接受理事会邀请在任何实验室工作应接受主任的管理[①]。

六、欧洲核子研究中心经费管理

CERN 的财政由所有成员国分担，比例各不相同。根据 CERN 网站的资料，CERN 在 2012 ～ 2014 年的总预算分别如下：2012 年 1 092 669 300 瑞士法郎；2013 年 1 246 500 000 瑞士法郎；2014 年 1 094 410 000 瑞士法郎。

根据 CERN 的 2014 年年报，2014 年总支出 1133.7 兆瑞士法郎，其中 616.7 兆瑞士法郎用于人员，459 兆瑞士法郎用于材料，42.2 兆瑞士法郎用于能源和水，15.8 兆瑞士法郎用于利息和财务支出。

CERN 预算规划在中期规划中形成，中期规划每年由总干事起草，规定 CERN 未来五年的目标和活动，经过咨询科技政策委员会和财务委员会，理事会通过中期规划中提出的战略。预算应该是年度预算，嵌入到中期规划中。一旦预算规模得到确认，理事会另行批准项目。

预算需经财务委员会咨询，理事会通过。理事会通过预算要授权总干事分配资金，使支出用于实现目标和执行预算中提出的活动。总干事要在通过的总预算中为实现限定的目标，在行动之间重新分配资源，但任何重大的资源重分配方案都必须有科学或技术观点的支持，并要向财务委员会和理事会报告。总干事要向理事会提交前一年的预算执行年度报告[②]。

具体的预算编制方面，采用基于成果的预算编制方法，即计划预算的形成由一些预期的成果所驱动，这些成果在开始的预算编制过程中就有联系，在期末的时候，据此测度实际的绩效。

（王建芳 执笔）

① CERN Council. Convention for the Establishment of a European Organization for Nuclear Research. http：//council. web. cern. ch/council/en/Governance/Convention.html［2013-12-25］.

② CERN. CERN Financial Rules. http：//council. web. cern. ch/council/en/FC/CERN-e-FinancialRules. pdf［2015-12-20］.

第五章 典型机构创新人才培养机制

第一节 美国洛克菲勒大学

一、美国洛克菲勒大学基本概况

洛克菲勒大学（简称洛大）地处美国纽约市曼哈顿岛东部，是一所规模不大的私立大学，其前身是美国石油大亨洛克菲勒家族于 1901 年创建的洛克菲勒医学研究所。洛大一直被公认为美国乃至世界上数一数二的生命科学研究机构，对生命科学发展做出了许多里程碑性的贡献，是生物化学、细胞生物、免疫、肿瘤、微生物、神经生物学、遗传学等方面的世界权威，如“基因由 DNA 组成”“病毒可以致癌”“糖尿病基因、体重调节激素蛋白的发现”都发端于该校。至今已有 24 位科学家获得诺贝尔奖（21 位生理学与医学奖、3 位化学奖），其中 22 位为该校研究人员，2 名为该校校友，是世界上人均获诺贝尔奖密度最高的学校；21 人获得拉斯卡奖（Lasker Award，俗称美国诺贝尔奖）、20 人获得国家科学奖章（美国最高科学成就奖）①。

1901 年创建的洛克菲勒医学研究所是美国第一个专门从事生物医学的研究机构，研究所的使命是追求生物医学科学知识，研究所认为生物医学的基础研究必须先行，其研究成果的直接应用是自然而然的。1950 年洛克菲勒医学研究所资产约 1 亿美元。此间，为了保持彻底独立，研究所不接受政府资金，甚至也不接受其他个人资金，从而确保研究人员独立地开展他们认为至关重要的研究工作。

20 世纪 50 年代的改革给研究所带来新生。1953 年年底，为在更具竞争性、更富有挑

① The Rockefeller University. University Overview & Quick Facts. http：//www. rockefeller. edu/about/［2013-10-25］.

战性的环境中生存，董事会决定必须对洛克菲勒医学研究所进行变革，研究所彻底独立的时代已经过去，需要用强大资金来补充基础研究，并增强与外部世界的联系。董事会投票决定，按照纽约州的法律将洛克菲勒医学研究所转为一所不招收本科生、只授予哲学博士和医学博士学位的研究与教育机构。1954 年研究所开始招收 10 名博士研究生（1959 年 5 人获得博士学位），1965 年改名洛克菲勒大学。重新确定了使命、调整了管理结构、激活了资金渠道之后，洛克菲勒大学邀请数学家、实验与理论物理学家、心理学家与哲学家加盟师资队伍，使生物医学的研究宽度与深度得到扩展，继续在生物医学方面起着枢纽作用，寻找与健康相关的生命科学中最复杂问题的答案①（图 5-1）。

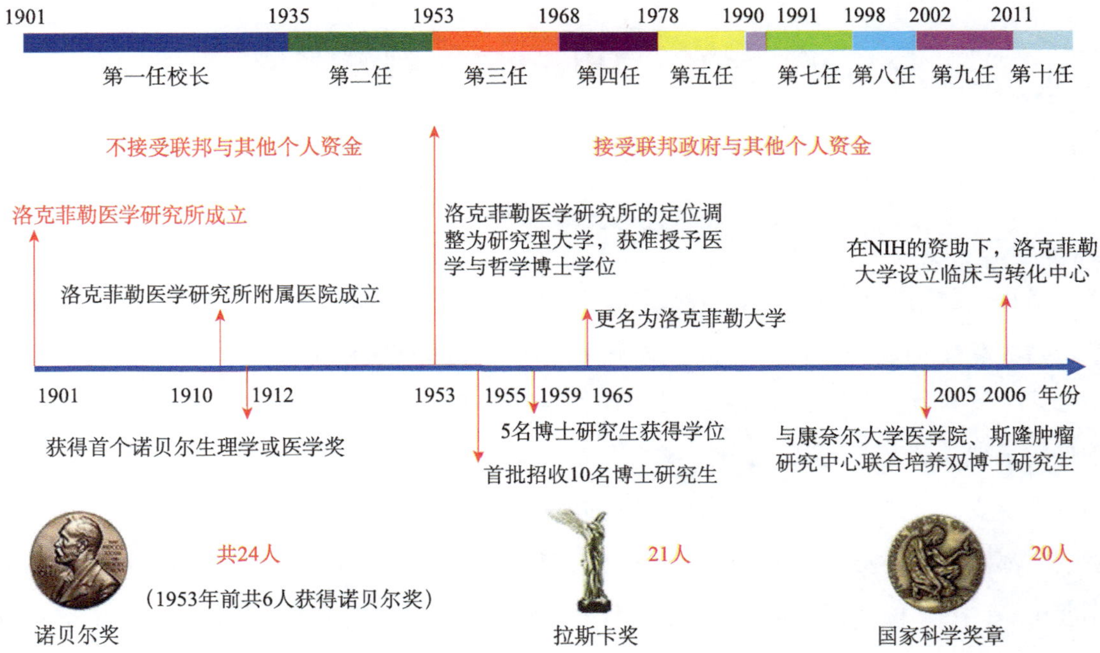

图5-1 洛克菲勒大学的发展历程

二、美国洛克菲勒大学人员构成

洛克菲勒大学研究与临床科学家约 200 人（其中教授约 50 人，副教授约 25 人，其余为助教），博士后约 350 人，临床医师、技术人员与管理支撑人员约 1050 人；在校博士研究生约 200 人（包括 170 名博士生，25 名医学和哲学双博士研究生），见图 5-2。现在该校工作的人员中有 6 位诺贝尔奖获得者，此外，有 8 人获得拉斯卡奖、3 人获国家科学奖章，

① 戴维·洛克菲勒. 洛克菲勒回忆录. 北京：中信出版社，2003；The Rockefeller University. History of the Rockefeller University. http：//www. rockefeller. edu/about/history/［2013-10-15］.

35 人当选美国科学院院士[①②]。

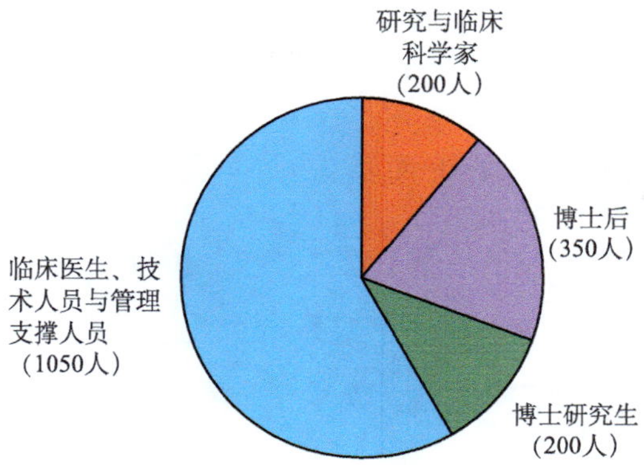

图5-2　2012年洛克菲勒大学的人员构成

三、美国洛克菲勒大学经费来源

洛大的经费来源稳定而充足，每年预算约 3 亿美元，经费来源构成为：46% 为私人捐赠与私人基金会提供（如现洛大实验室主任中有 14 人获得霍华德休斯医学研究所研究员资助计划，每人每年 100 万美元资助，共资助周期为 5 年）；7% 为礼金（以礼物形式捐赠科研仪器设备等）；19% 为其他商业来源；28% 来自联邦政府（主要是美国国立卫生研究院）。总的来说，经费主要来源于私人基金或捐赠（图 5-3）[③]。

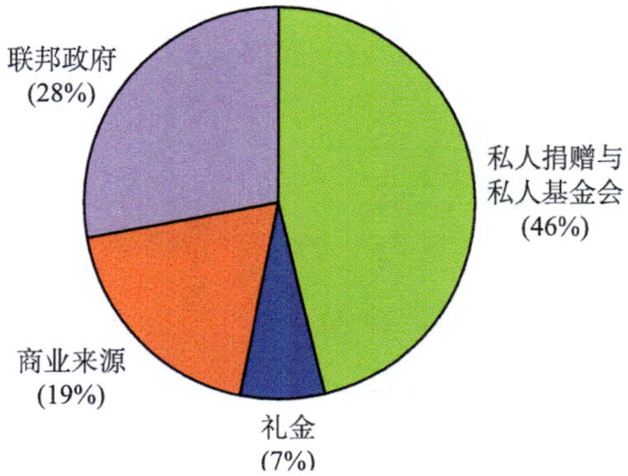

图5-3　2012年洛克菲勒大学的经费来源

洛大获得的捐款不但丰富，而且稳定。由于美国经济滑坡，美国各大学的经费损失达 30% ～ 40%，如加利福尼亚州立大学、耶鲁大学等由于资金不足而关闭了一些实验室并裁

① The Rockefeller University. University Overview & Quick Facts. http：//www. rockefeller. edu/about/［2013-10-25］.

② The Rockefeller University. Faculty Awards. http：//www. rockefeller. edu/about/awards/［2013-11-7］.

③ 吴刚，于长学. 2004. 洛克菲勒大学的治校之道. 世界教育信息，2004，（5）：44-46.

员。而洛大则只损失几个百分点的总资产，实为难得。在总预算开支以外，洛大通过各种募款以加强学校的建设，如庆祝建校 100 周年之际，2001 年 6 月至 2003 年 7 月两年内共获得 3 亿美元捐款，引进了一批新的实验项目，并改善了学校的办学条件。

四、美国洛克菲勒大学业务管理结构

洛大的业务管理结构主要包括校董事会、校长、副校长（图 5-4）。洛大校董事会的主要责任是为学校筹集资金，校董事会由极富影响力及经济实力的著名大企业家、金融家、科学家及社会活动家组成。现任名誉主席为大卫 · 洛克菲勒，主席为世界上最大的制药公司之一百时美施贵宝公司（Bristol-Myers Squibb）的董事长。

洛大校长主要负责实验室主任的聘任与博士研究生招生工作，负责面试实验室主任人选，并确定其薪水与职位；此外，洛大校长每年至少要向国内外各著名大学的校长寄发 20 ～ 30 封信函，邀请各大学保送推荐 2 ～ 3 名优秀学生，凡被保送来的学生，洛大校长都要逐一对其进行面试。此外，洛大校长的主要工作之一是获取经费。

此外，洛大有 6 名副校长，分别负责科学研究与设施运行、医学事务、教学事务、财务、筹资与法律事务。学校总体研究方向由一名副校长牵头的学术委员会确定，并提交校长批准实施。实验室主任负责每季度提交一份科学技术进展报告。

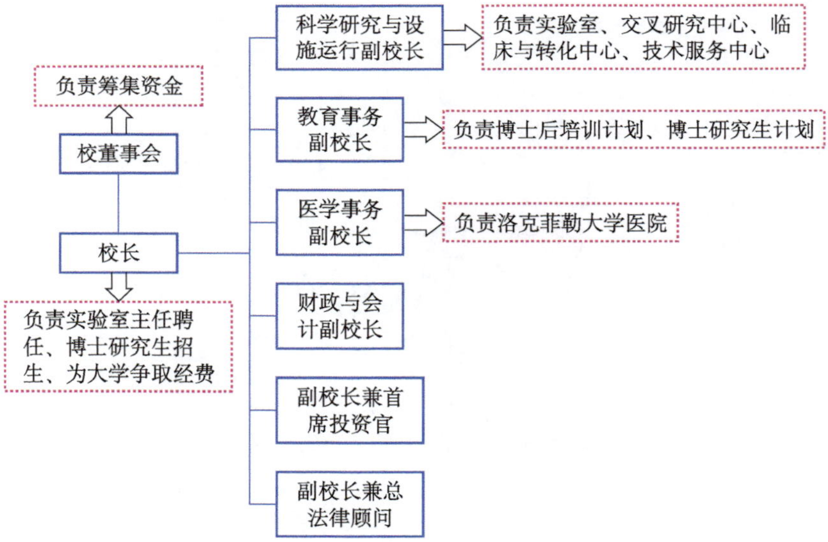

图5-4　业务管理结构

五、美国洛克菲勒大学研究组织结构

洛大的定位是研究型大学，其重点为研究，而非教学，教师 90% 时间用于研究，是名副其实的研究型大学。与此相对应，洛大的研究组织结构主要包括实验室、跨学科中心与技术服务中心（图 5-5）。

（一）实验室

洛大不设立系，目前有约 73 个实验室，约 1/3 的实验室主任为院士，这在全美大学中也是独一无二的，基本研究领域为“人类卫生与健康”，少数化学、物理学和数学背景科学家的研究方向也都与生物学相关。为了保持最强的竞争力，洛大随时调整研究方向，即通过关闭不具前景的实验室，同时引进新的具有突破基础与潜能的人才，开发和跟进新的研究方向与研究热点。

洛大主要集中于生物医学研究，不以系而以实验室或研究中心为基本单位，这种结构有利于消除各研究单位间合作的障碍，提供了一个“大实验室”的研究环境。目前洛大的 73 个实验室主要围绕六大核心研究领域灵活组织：生物化学、结构生物学、化学（21 个实验室）；免疫学、病毒学与微生物学（21 个实验室）；分子、细胞与发育生物学（32 个实验室）；医学科学与人类遗传学（20 个实验室）；神经科学（27 个实验室）；物理与数学生物学（10 个实验室）。

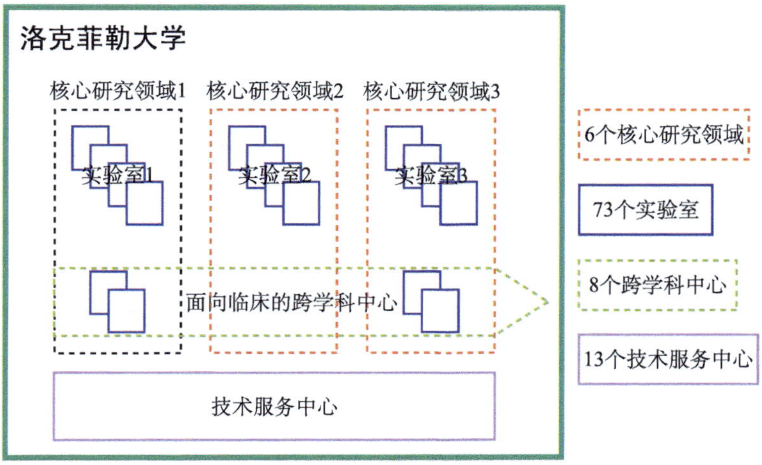

图5-5　研究单元组织结构

洛大的研究方向是开放的，每一个实验室的负责人可以自由地确定自己感兴趣的任何研究课题；教职员工的工作内容、时间安排及休假都可自由决定。这种自由的学术氛围鼓励研究人员大胆设想，并动手验证。洛大的自由度一直为国际学界所称羡，这是其成功的法宝之一。

洛大实验室间的合作是完全开放的，整个学校就像一个大协作单位。相邻实验室间实验设备和试剂等几乎完全共享。实验室间合作的手续极为简单，往往只是一个电话或者午餐时坐在一起聊聊，即可开始实验工作，并不需要讨论任何经费分担、作者排名等问题。由于这种知识和经验的互补，以及实验条件的共享，大大扩大了研究范围，缩短了研究时间，避免了不必要的弯路，同时有利于新领域的探索，这是洛大高产出以及不断开辟新学科的奥秘之一。

（二）跨学科中心

洛大成立了8个面向临床的跨学科中心①：Anderson癌症研究中心，消化系统紊乱基础与转化研究中心，物理学与生物学研究中心，Christopher H. Browne免疫学与免疫疾病中心，Fisher阿尔茨海默病研究中心，F.M. Kirby感觉神经科学中心，Pels家族生物化学与结构生物学中心，Shelby White与Leon Levy意识、大脑与行为中心。此外，2006年，在美国国立卫生研究院的资助下，洛大还成立了临床与转化科学中心。

（三）技术服务中心

洛大的13个技术服务中心涵盖了所有生物技术，为各实验室提供了一流的技术支持与后勤保障②，科学家不出校门就能完成各种实验，先进而完善的技术支持确保了研究的顺利进行，13个技术服务中心包括：生物影像资源中心、比较生物学中心、电子显微镜中心、流式细胞计中心、遗传资源中心、高能物理设备中心、高通量筛查资源中心、蛋白质资源中心、分光镜资源中心、单克隆抗体核心设备中心、干细胞中心、结构生物学中心等。

六、美国洛克菲勒大学人事管理制度

洛大的定位是研究型大学，其重点为研究，而非教学，与之相适应，其人事管理制度主要涉及校长、负责研究与设施运行的副校长、实验室主任的管理制度（图5-6）。

（一）校长

洛大校长的年薪可以说傲视全美，仅校长的职位年薪即为55万美元，此外还有教授职位年薪及其他福利等，而美国大多数著名大学校长的年薪都在20万～30万美元。洛大校长挑选范围和条件主要包括以下四点：①面向全球挑选，必须具备国际知名度，同时是一名社会活动家；②诺贝尔奖获得者或极有可能的获奖者，曾取得举世公认的研究成果；

① The Rockefeller University. Interdisciplinary Centers. http：//www. rockefeller. edu/research/intercenter/［2013-11-7］.

② The Rockefeller University. Resource Centers. http：//www. rockefeller. edu/rc/［2013-11-19］.

③能为学校带来丰厚的经费；④保证 30% 的时间用于研究工作，以确保对最前端学科发展的了解。

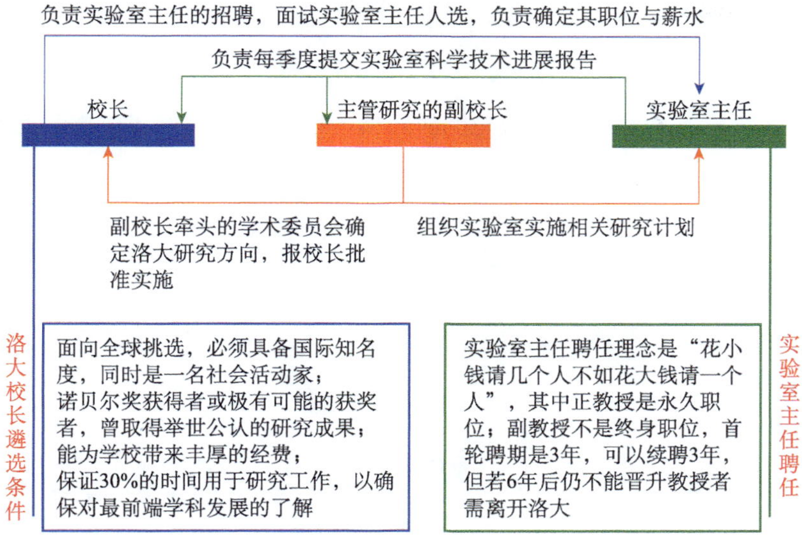

图5-6 人事管理制度

从 1901 年至今，洛大共有 10 任校长，首任校长 Simon Flexer 任职时间长达 35 年（任期为 1901 ～ 1935 年），可以说为洛大的研究架构与文化打下了坚实的基础。2001 年诺贝尔生理学或医学奖获得者 Paul Nurse 博士是第九任校长（任期为 2003 ～ 2011 年），2003 年 9 月担任校长，此前曾任英国癌症研究所所长，离任后任英国皇家学会主席。2011 年 3 月第十任现任校长 Marc Tessier-Lavigne 就职，加拿大籍人，在英国伦敦大学获得博士学位，先后在美国哥伦比亚大学做博士后研究工作，在美国加州大学旧金山分校、斯坦福大学任教，是美国科学院院士、英国皇家学会会员。

（二）实验室主任

洛大目前实验室总数为 73 个，实验室主任聘任的严格性是全美少有的，其中正教授约 50 人，是永久职位；副教授不是终身职位，首轮聘期是 3 年，可以续聘 3 年，但若 6 年后仍不能晋升教授者需离开洛大，迫使处于这一职位的实验室主任努力工作，以获得终身教授头衔。但在该校不能提升终身教授而转至其他著名高校如加州大学、纽约大学、耶鲁大学等获得终身教授职称者大有人在。

洛大聘请实验室主任的理念是“花小钱请几个人不如花大钱请一个人”。能人效应会带来更多的成果、经费和人才。这是一种良性循环。即名人令人注目的成果、良好的形象，将为学校吸引更多的捐款，反过来又能留住和再聘请更多的能人，形成人才共振效应。

洛大首批科学家的聘任非常艰难，由来自法国、奥地利、日本、俄罗斯、德国等不同文化背景、不同学科领域的科学家任实验室主任。此后，洛大不遗余力地在全美“挖”人，花钱“养”潜在的诺贝尔奖得主，为其提供优良的研究条件和优厚的待遇，培育诺贝尔奖级的研究成果。其教授、副教授与助教及博士后的年薪与福利在美国大学中也处于高水平之列。

七、美国洛克菲勒大学教育理念与环境

洛大不设本科和硕士教育，集中于培养博士，以及医学与哲学双博士，同时专注博士后训练（图 5-7）。

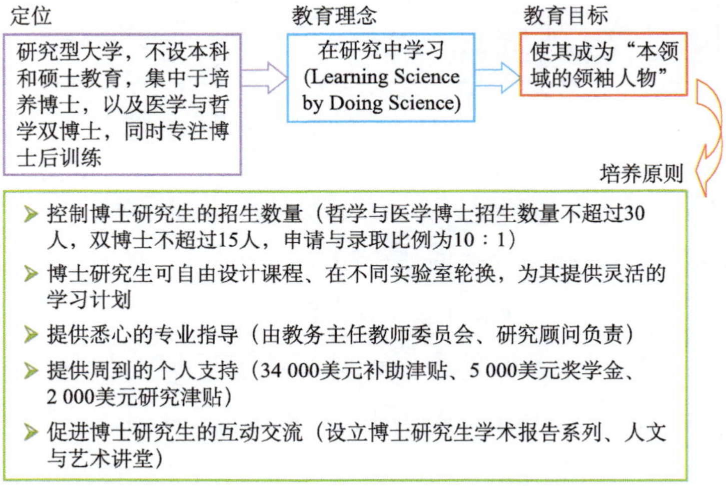

图5-7　博士研究生教育管理

（一）教育理念

其教育理念是“在研究中学习”（Learning Science by Doing Science），其教育目标是使其成为“本领域的领袖人物”。通过研究促进教学，博士生通过独立的实验室工作、学习并利用最新的知识与技能，接触到最新的研究成果，培养独立思考和解决问题的能力。洛大主张患者导向的学习。早在 1910 年洛大就成立了专门的医院，这所医院是美国第一个也是唯一一个完全用于临床研究的私人医疗机构。洛克菲勒大学医院成为实验室研究与临床观察的连接与桥梁，而病人是洛大基础研究、临床研习与科学发现中的参与者。这种研究方式使学生能够对疾病的发现、预防和观察的基本原理进行更深入的研习。这种独特的教育理念和人才培养方式，使得洛大培养了一批拔尖创新人才。截至 2013 年共约有 1110 名毕

业校友，毕业生一般都有高水平的论文，大部分都曾在《自然》或《科学》杂志上发表过论文，使他们真正处于本学科的世界前端，其中有 2 人获得诺贝尔奖，27 人当选美国科学院院士①。

洛大博士研究生培养的五条原则如下所示②。

（1）每年哲学博士与医学博士共招生数量不超过 30 人，医学与哲学双博士招生人数不超过 15 人。通常博士研究生的录取竞争十分激烈，良好的声誉与导师在国际上的地位使洛大吸引了众多的博士研究生申请者，申请与录取的比例约为 10 ∶ 1，博士研究生的招收不论国籍只招收杰出的学生。现在校博士研究生约 200 人来自 32 个国家，其中哲学博士与医学博士共约 170 人，医学与哲学双博士约 25 人。

（2）洛大为每个学生量身定制课程，其必修课程很少，每学期开设几门课程为学生提供专业基础知识。博士研究生除需完成三门必修课（科学数据的批评性解释、研究伦理与实验室工作介绍），可自由设计课程、在不同实验室轮换，为其提供灵活的学习计划。第一年洛大要求博士研究生研修三门课，包括科学数据分析、科研道德规范和各实验室开展的科研工作介绍等课程。博士研究生可在第一年末选定实验室，在第二年末确定论文题目。由教授面试通过后博士研究生方可参加课程学习，在开课之前，博士研究生就必须认真阅读相关书目，对所学课程有相当全面的了解，每周上课一次，详细讨论一个问题，每节课都聘请一位该领域的世界权威学者来讲，讲授者要详细介绍他们的亲身经历，如何提出或发现问题，如何选择题目，怎样设计实验，遇到困难又如何解决，等等。这样一堂课下来，博士研究生不仅了解了该学科最前沿的知识，也学到了该学科的思路、研究手段和方法学特点。学期结束时，每个博士研究生选一个题目，做一次假想的开题报告，提出一个问题假说，设计实验来验证假说的正确性。

（3）为博士研究生提供医疗保险与牙齿保险、住宿补贴与科研津贴，提供周到的专业与个人支持。为保障博士研究生有充足的学习和研究时间，洛大每年为每位博士研究生提供固定补助津贴 34 000 美元，并鼓励研究生竞争申请 5000 美元奖学金。此外，洛大还向博士研究生提供研究津贴，博士研究生可以根据个人兴趣参加任何实验室的工作。第一年，研究津贴是 2000 美元，第二年及以后，研究津贴是 1500 美元，研究津贴可用于支持博士研究生参加科学会议、购买电脑及有关研究材料，也可开展国际合作③。

---

① The Rockefeller University. The David Rockefeller Graduate Program. http：//www. rockefeller.edu/graduate/prospective/pdf/brochure. pdf［2013-12-13］.

② The Rockefeller University. Dean's Message. http：//www. rockefeller. edu/graduate/prospective/welcome/deanmsg［2013-12-7］.

③ The Rockefeller University. Financial Support.http：//www. rockefeller. edu/graduate/prospective/finsupport［2013-5-27］.

（4）设立博士研究生学术报告系列、人文与艺术讲坛，促进博士研究生的互动交流。洛大出资设立“博士后学术报告系列”和“研究生学术报告系列”，分别由博士后和博士研究生每周自行邀请感兴趣的专家来校演讲，这种方式极其独特[①]。

（5）为博士研究生提供悉心的专业指导，第一年教务主任负责对博士研究生提供专业咨询，此后由教师委员会与研究顾问为其提供专业指导。

（二）教育环境

除了一流的实验室条件，洛大高雅美丽的花园式校园在寸土寸金的纽约曼哈顿可以说独一无二。洛大校园内摆设的雕塑有许多是名家的原作。此外，洛大每年还举办七场由著名乐团演出的高水平音乐会，每周五举办午间音乐会，每周二放一场电影，良好的文化氛围也是洛大吸引和留住一流科学家、杰出博士后与博士研究生的原因之一。

洛大举办的学术报告的水平与频率都很高，是洛大博士后与博士研究生吸收知识养分的主要途径之一。洛大校内每天都有几场报告，每周五则有一场大型报告，邀请国际上各领域的权威专家作演讲，并于报告会后在学校俱乐部酒吧与演讲者自由交谈。此外，洛大与邻近的著名研究机构都有非常良好的合作关系，近些年洛大还与康奈尔大学医学院和斯隆肿瘤研究中心设立了三家联合培养生物医学研究和临床双博士学位项目，更密切了三家研究单位的合作。

（张秋菊 执笔）

第二节　英国剑桥大学卡文迪许实验室

一、英国剑桥大学基本概况

英国剑桥大学成立于1209年，位于英国英格兰东部的剑桥郡剑桥市，距伦敦以北50千米。剑桥大学以其高素质的教学和研究水准而享誉世界，有31个自治性学院、150个系部和其他机构，学生来自世界各地，目前人数超过18 000人，教职工近9000名。卡文迪许实验室属于英国剑桥大学物理科学学会下的物理与化学系，它相当于该大学的物理系。

---

① The Rockefeller University. Student Life.http：//www. rockefeller. edu/graduate/prospective/studentlife/［2013-11-17］.

二、英国剑桥大学的使命定位

英国剑桥大学的使命是：通过国际一流的教育、学习和研究，对社会做出贡献。

三、英国剑桥大学的组织结构

英国剑桥大学的结构[①]是由行政机构、31个自治性学院、150个系部（部属于系下）和其他机构组成的联邦体（图5-8）。剑桥大学的学术活动，包括全校的教学和研究，都由作为大学行政机构的6个学会来组织；大学的系、部和研究机构组合为6个学会（类似于我国的文、理、工、农、医科的分类），每个学会拥有一个理事会负责监督不同机构的教学和研究工作。这6个学会是艺术和人文、生物科学（包括兽医医药）、临床医学、人文和社会科学、物理科学、技术；学会之下，还有系一级的组织，再以下是部；明显属于理科性质的系部共32个，属于文科性质的系部共33个。大学内部的管理由大学的各个部门独立进行，仅有少数的对外事务由大学中央机构委派代表处理。

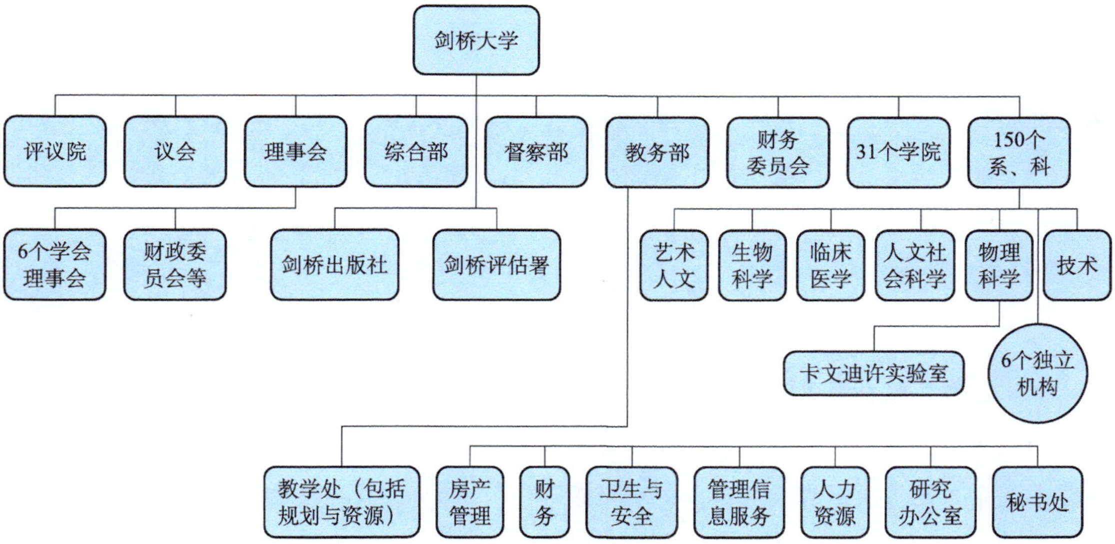

图5-8　剑桥大学组织结构图

剑桥大学的高级行政人员为：校长与副校长（各1名，包括最多5名专职副校长），教务主任和学监评议院、大学议会（负责选举校长）、理事会、综合部、督察部构成中央化的

① Cambridge.How the University Works. /http：//www. cam. ac. uk/about-the-university/how-the-university-and-colleges-work/structure［2013-2-18］.

部门，管理剑桥大学。

在剑桥大学的体制中，31 个学院是管理学生的单位，负责剑桥大学本科生和研究生生活、食宿和社交活动，同时也负责学生的部分录取工作，基本独立于剑桥大学。学院也会为大学资深的研究人员提供资金和住宿方面的帮助。

评议院是大学的立法行政部门，负责制定和修订有关管理大学的各项规章，成员包括大学校长、高级管家、副高级管家、大学代表和来自大学和学院的高级成员。

大学议会选举校长、高级总管和官员，定期要向评议院汇报，并监督制衡评议院的权力职能。大学议会有权向评议院报告大学普遍关注的问题，并通过大学官方杂志将问题公布。

理事会是大学的决策和执行机构，它全面负责大学的行政管理，确定其使命，规划其工作，管理其各种资源，它还处理大学与各个学院之间的关系，与外界开展除了教研项目（综合处负责大学的教研项目）以外的交流，任命或提名内部和外部各种委员会成员，处理除了招生（学院或系管招生）各类学生事务。其构成为：正副各 1 名理事长（副校长为常务理事长）、19 名理事（4 名学院院长，4 名教授，8 名评议院成员，3 名学生，其中 1 名学生必须是研究生）。

大学理事会负责大学学术和教学工作的各项政策，由评议院负责管理大学理事会。理事会同时管理 6 个学会理事会，通过这种方式大学的不同部门都由中央行政机构管理和监督。学会理事会负责给各系分配主要资金，并对研究活动、教学、不动产需求、募款和人力资源提供宏观的战略重点，每个学会理事会中至少一名成员是综合部成员。

四、英国剑桥大学卡文迪许实验室

卡文迪许实验室由英国剑桥大学物理科学学会下的物理与化学系管辖。20 世纪，该实验室出现了世界大多数著名学术机构常见的天才集聚现象，1904 ～ 1989 年涌现了 29 位诺贝尔奖得主。第二次世界大战后，它不再属于任何学院，现在教育学生实行导师 - 学生制度，一个导师负责若干名学生。

该实验室的使命是从事物理学的系统教学，注重学生动手做实验，实验室设有可制作很精密仪器的工作间，使用自制仪器形成了卡文迪许实验室的传统，同时注重青年研究人才的培养。

该实验室的发展计划要经过本室多位教师、剑桥大学发展办公室、物理科学学会和对该实验室的捐助者共同讨论。目前的执行发展计划由剑桥大学发展办公室、物理科学学会在 2002 年批准。

在该实验室的历届主任领导下，其研究的定位始终紧盯随时代发展而形成的物理学前沿问题，在每个时期都高瞻远瞩地选择了主攻方向，提出具有原创性的思想和课题，从而保持了实验室学术理念的超前性和研究成果的突破性。

在卡文迪许实验室的历史上，学科是相对的，而学科交叉的突破、学科的相互渗透又诱发了许多新的领域和新学科，战略研究方向不断变化。例如，19 世纪末到 20 世纪初为电磁学前沿问题（地磁、电磁波的传播速度、电学常数的精密测量、欧姆定律、光谱、双轴晶体等）；20 世纪初为核物理，第二次世界大战后研究战略方向改为晶体物理学、生物物理学和天体物理学，重点方向有超导物理、软凝聚态、有机聚合半导体；在 21 世纪头十年为纳米技术、冷原子和超低温物理领域，未来的定位和使命是该实验室的项目要继续在物理学上的创新和发现①。这点从表 5-1 可看出其特点和变化②。

该实验室在科学研究上做出了很多重大的科学发现，还培养了大批高级优秀人才，其中 29 人获得诺贝尔科学奖③，这使得该实验室区别于其他研究机构或大学。

表 5-1　卡文迪许实验室的定位及其变化

姓名	担任时间	特点	研究的定位	重点成果
麦克斯韦	1871 ～ 1879 年	物理教学、演示结构简单和学生易掌握的实验，自制仪器并使用形成了卡文迪许实验室的传统	电磁学、电学	地磁、电磁波的传播速度、电学常数的精密测量、欧姆定律、光谱、双轴晶体等
瑞利	1879 ～ 1884 年	系统地开设了学生实验	声学、电学	发现氩
汤姆逊	1884 ～ 1919 年	自 1895 年始，实行吸收外校及国外的大学毕业生当研究生的制度，建立了一整套培养研究生的管理体制，培养的研究生中，有许多后来成了著名科学家，如卢瑟福、朗之万、布拉格、威尔逊、里查森、巴克拉等	固体、液体的电学研究转向气体电传导性和电子的研究④	测出电子的电荷与质量的比值，发现了 α、β 射线，发明了质谱仪和膨胀云室，真空管的发明和改善
卢瑟福	1919 ～ 1937 年	汤姆逊的学生，更重视培养年轻人	开创原子核物理学，研究高电压技术、强磁场、电离层、空气动力学和磁学	发现中子，发明静电加速器，观测到核反应，发现氚
布拉格	1938 ～ 1953 年	X 射线晶体分析技术进行生物大分子结构的跨学科研究，支持两个部下开启了 21 世纪宇宙天文的研究	研究方向的战略转移：第二次世界大战时，由主要从事原子物理和核物理基础研究转向对雷达、核武器的军事研究；第二次世界大战后由核物理改为晶体物理学、生物物理学和天体物理学	发现了类星体、脉冲星、DNA 双螺旋结构，确定了血红蛋白的结构等

① Cavendish Lab. The History of the Cavendish. http：//www. phy. cam. ac. uk/history/［2012-12-20］.

② Cavendish Lab. The Cavendish Professorship of Physics. http：//www. phy. cam. ac. uk/history/cavprof. php［2012-12-20］.

③ Cavendish Lab. Nobel Laureates. http：//www. phy. cam. ac. uk/history/nobel. php［2012-12-20］.

④ 陈正洪. 卡文迪什发展战略调整的成败得失. 科技管理研究. 2007，27（9）：92-94.

续表

姓名	担任时间	特点	研究的定位	重点成果
莫特	1954 ～ 1971 年	—	发展无序体系及非晶态物质的电子理论研究	研究磁性与不规则系统的电子结构的贡献获诺贝尔奖
派帕德	1971 ～ 1984 年	培养的学生约瑟夫森获 1973 年度诺贝尔物理学奖	超导物理	主持实验室搬迁到西剑桥，1974 年搬迁完成，建成许多无线电天文学和半导体物理方面的大装置
爱德华兹	1984 ～ 1995 年	—	软凝聚态物质的研究，粉末材料及玻璃的流动、拉胀性、神经网络的信息传递等	将量子场论的概念和方法应用到固体物理和化学物理的各种问题上，包括液态金属、涡流、高分子物理及非有序磁性系统。在理论高分子物理方面的成就是国际公认的爱德华兹哈密顿量
弗伦德	1995 ～ 2008 年	—	有机聚合物半导体	—
斯特林 *	2008 年至今	—	粒子物理	—

*详见http：//www.phy.cam.ac.uk/development/Development_Portfolio_Final.pdf

五、英国剑桥大学业务管理模式

（一）业务部门划分的情况及依据

剑桥大学的物理科学学会办公室具体管理卡文迪许实验室的行政活动和项目（图 5-9）。卡文迪许实验室的研究任务主要按学科方向划分，同时还提供有关的研究服务：向产业转移知识，电子显微镜的出租。另外，其研究按任务划分有三个研究项目（科学计算中心、医药物理和可持续物理 Winton 项目）和五个国际合作项目（剑桥核能中心、计算辐射疗法合作、与日立公司合作、与韩国高等科技研究院合作、与东芝公司合作）①。

（二）管理部门对业务部门的管理职能

1. 管理部门的协调作用

剑桥大学的决策层对卡文迪许实验室的研究工作基本不作具体指导，由该实验室的主任自主决定实验室的定位。

2. 确定研究方向

卡文迪许实验室的主任可在一定范围内自主决定实验室发展的大政方针。历届卡文迪许实验室的主任做出的决定都没有受到外界阻挠，对于学科的战略调整与实验室

① Cavendish Lab. Research at the Cavendish. http：//www. phy. cam. ac. uk/research/［2012-12-21］.

布局更是卡文迪许实验室主任的分内职责。剑桥大学的决策层授予了该实验室主任较大权力。

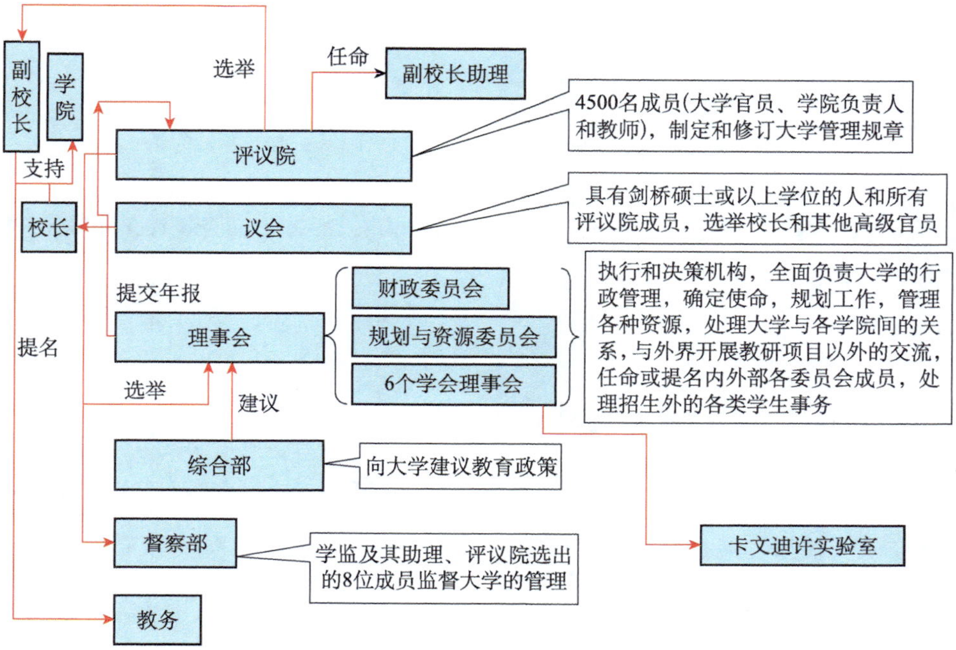

图5-9　英国剑桥大学管理卡文迪许实验室示意图

（三）管理者任命及权责关系

剑桥的决策者们审时度势，不再搞门户之见、论资排辈、文人相轻，开始面向不同阶层、不同国度广纳良才。公开招聘实验室主任，对来自不同出身、国度、信仰、性别的人才都能做到平等对待、公平竞争。例如，1884 年 28 岁的物理学者 J. J. 汤姆森被破格选聘为第三任实验室主任。

剑桥大学理事会公开招聘实验室主任，对实验室主任的选拔格外慎重。剑桥大学为此成立了专门的选拔委员会，选择对象是英国乃至世界上卓越的科学家，并在长期实践中逐渐形成了三条不成文的标准：科学上成就卓著并能够使卡文迪许实验室高效运转、在国际上声誉卓著并具有崇高威望、对剑桥大学的决策能起重要的影响作用。另外，非常重要的条件是，要有突出的组织管理能力，能胜任科研和教学工作，能形成独特和富于创新的学派①。招聘成功后，由剑桥大学理事会发文任命实验室主任。

（刘　栋 执笔）

① 吕增健. 诺贝尔科学奖的摇篮：卡文迪什实验室. 科学教育，2009，（9）：80-81.

第三节　韩国高等科学技术研究院

一、韩国高等科学技术研究院基本概况

韩国高等科学技术研究院（Korea Advanced Institute of Science and Technology，KAIST）是韩国最大的公立研究型综合大学，致力于高层次科技人才的培养，以及国家战略领域基础和应用研究。

二、韩国高等科学技术研究院定位与使命

KAIST 于 1971 年由韩国政府创建，是韩国第一所科学和工程领域研究与教育的研究生院，成立初期的教师多是来自美国获得学位的科研人员和国内工程技术人员。KAIST 拥有国际一流的教育、研发设施，实施学士、硕士和博士连读制度，采用教学和科研相结合的人才培养体制，培养了一大批具有较高理论知识和实际应用能力的高级人才，为韩国的科技和经济发展做出了重要贡献。2012 年，KAIST 在“QS World University Rankings”全球大学排名中位列 63（清华大学位列 48）。

KAIST 的使命包括：①培养具备与产业发展相关的科技理论和实践经验的高级科技人才；②开展国家所需中长期研发和提高国家科技竞争力的基础、应用研究；③为其他研究机构或企业提供研究资助。

2009 年，该院共有学生 8000 余人，其中本科生 3452 人，硕士研究生 2197 人，博士研究生 2357 人，教师和科研人员 842 人，职员 334 人。KAIST 的外国留学生共 389 人，占学生总数的 5%①。

三、韩国高等科学技术研究院的业务管理体系

KAIST 的主要业务由教学、科研、规划和预算、信息化四个部分构成。在 KAIST 的教学部门中既设有物理系、化学系等 20 个院系，又设置了自然科学研究所、机械技术研究所等研究机构。KAIST 的科研部门更是涵盖了生物会聚研究所、复杂系统设计研究所等 6 个

① KAIST. Current Status. http：//www. kaist. edu/english/01_about/02_glance_01. php?pt=7［2013-1-6］.

前沿研究所（图 5-10）。

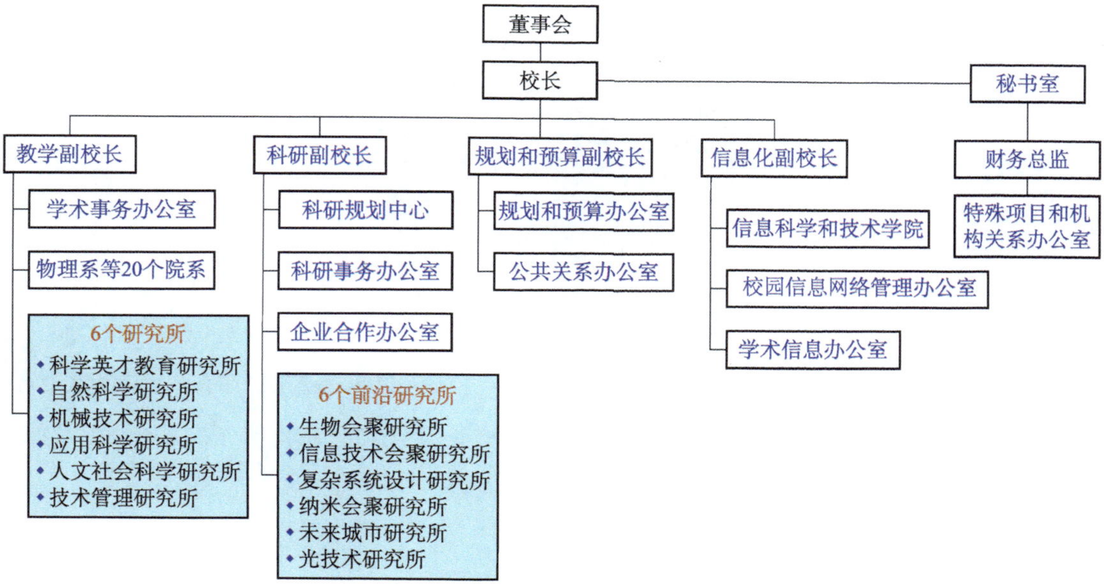

图5-10　KAIST组织结构图

四、韩国高等科学技术研究院的业务管理

（一）院长

KAIST 院长任期一般为 2 年或 3 年。2004 ～ 2006 年，该院曾聘任 1998 年诺贝尔物理学奖获得者、美国人 Robert B. Laughlin 博士担任该院第 12 任院长，他是该院建院 30 余年来的首任外籍院长，年薪高达 60 万美元①。

（二）预算构成

以 2007 年为例，KAIST 的年度预算为 3.97 亿美元，其中政府拨款 1.24 亿美元，研究项目经费 1.28 亿美元，捐助等其他来源 1.45 美元。在经费使用方面，研究经费占 33%，教育经费占 31%（图 5-11）。

（三）教学组织

KAIST 实施学士、硕士和博士连读制度，并向学生提供了最大的灵活性。KAIST 的本科生就可以拥有自己的研究课题，学生们都可以不分年级、不分专业地自由选修学校开设的所有课程，合格后即可以拿到学分。本科生如果在企业里实习成绩优秀，就可以用实习

---

① KAIST. Past Presidents. http：//www. kaist. edu/english/01_about/01_president_05. php?pt=6［2009-3-20］.

成绩代替毕业论文。

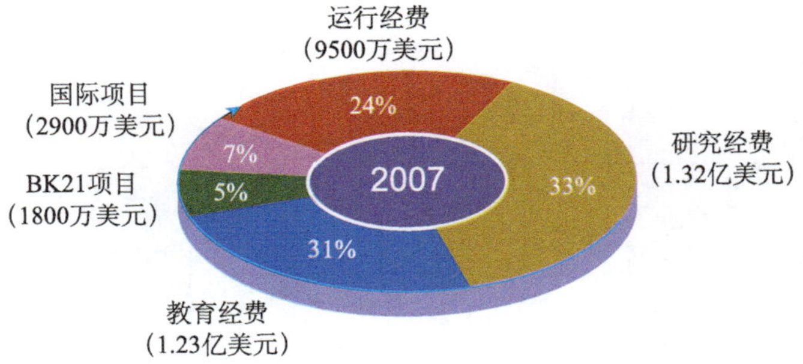

图5-11 KAIST经费构成

在 KAIST，硕士生和博士生可以免试入学，这在韩国也是率先而为的。入学虽然宽松，毕业却是难上加难。KAIST 规定，博士毕业论文必须首先刊登在世界知名的学术刊物上，然后方可以参加答辩①。

（四）科研组织

KAIST 下属科研机构的研究方向侧重于能够产生最大产业影响的基础研究和技术创新，这些下属科研机构凝聚了 KAIST 在前沿领域的研究能力。

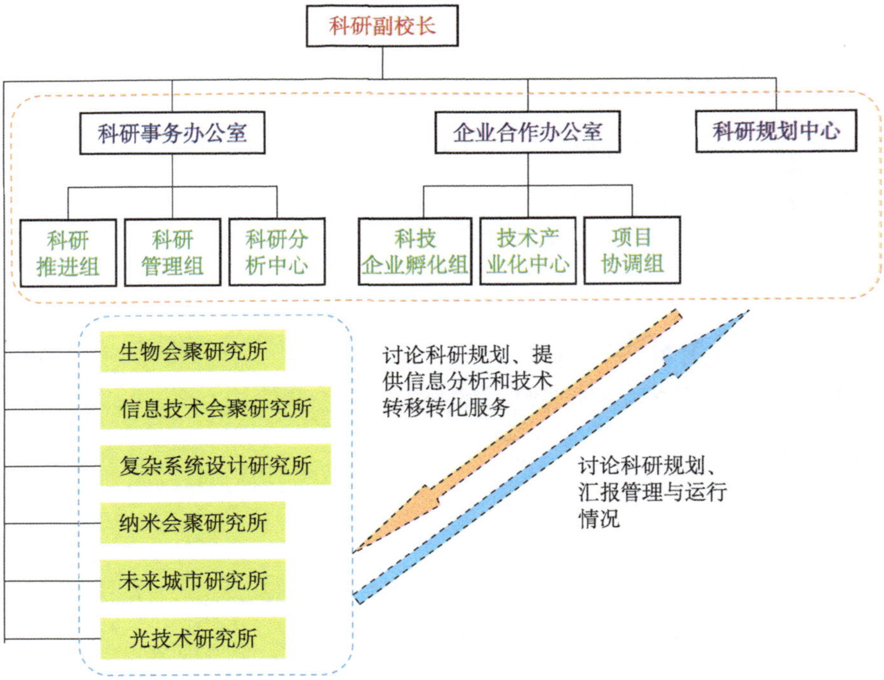

图5-12 KAIST科研管理模式

① 韩国科技创新态势分析报告课题组. 韩国科技创新态势分析报告. 北京：科学出版社，2011.

KAIST 专门设置“科研副校长”，其管辖的科研事务办公室、企业合作办公室、科研规划中心负责为下属的生物会聚研究所等 6 个前沿研究机构提供科研规划、信息分析、技术转移转化服务（图 5-12）。

这 6 个前沿研究机构与 KAIST 下属的各类学院同级，独立享有 KAIST 提供的预算和设备支持。这些机构还可以承担政府和私人企业委托的科研项目，以 2009 年为例，KAIST 所承担的项目经费已达到 3.2 亿美元，所拥有的国内专利为 2694 件，国际专利为 723 件①。

（任　真 执笔）

① KAIST. Research Institutes. http：//www. kaist. edu/english/01_about/02_glance_01. php? pt=7［2013-1-20］.

典型机构科技思想库建设机制

第六章

第一节　美国国家科学院系统

一、美国国家科学院系统基本概况

美国国家科学院（National Academy of Sciences，NAS）是一个私人、非营利性的组织，于 1863 年依据林肯总统签署的美国联邦法律中组织法案第 1503 章“国家科学院法”而成立。在美国国家科学院为联邦政府提供了多年科技咨询之后，随着科技发展的日益复杂，单靠国家科学院已难以满足美国国会和联邦政府为科学技术、工程和医学等面临的重要问题提供决策咨询建议的需求。因此，美国国家科学院依据“国家科学院法”，于 1916 年成立了国家研究理事会（National Research Council，NRC），1964 年成立了国家工程科学院（National Academy of Engineering，NAE），1970 年按照成立国家研究理事会的法规成立了国家医学科学院（National Academy of Medicine，NAM）。国家科学院系统在经过近 150 年的发展之后，已经扩展成为由国家科学院、国家研究理事会、国家工程科学院和国家医学科学院这四个机构共同组成的美国国家科学院系统聚集各个科技领域、工程和医学领域的专家，就美国和世界在科学技术、工程和医学方面关注的关键问题进行客观、可靠和科学的咨询研究，为美国政府和公众提供科学咨询研究服务[①]。

二、美国国家科学院系统使命与定位

美国国家科学院四个机构的使命如表 6-1 所示。

---

① NAS. Who We Are. http：//www. nas. edu/about/whoweare/Index. html/［2016-3-17］.

表 6-1 美国国家科学院各机构的使命

机构	使命
美国国家科学院	致力于为政府就政策决策涉及的科技问题提供咨询服务
美国国家研究理事会	旨在扩大国家科学院的影响，就科学技术问题为政府提供有效的咨询服务。国家研究理事会的主要职责是与政府外的科研人员合作，通过可靠的科学依据向政府领导、政策决策者及公众，就科学、技术、工程及医学等问题提供中立的咨询建议①
美国国家工程科学院	致力于为美国政府提供工程前沿及其技术问题方面的咨询研究服务和政策建议，还就工程、技术及其对社会的影响等方面的重要主题开展独立研究②
美国国家医学科学院	为国家提供权威可靠的咨询服务，负责提出和回答国家最迫切需要解决的健康与保健等方面的问题，同时还为国家和私人企业提供咨询服务，以帮助他们做出正确的决策③

三、美国国家科学院系统组织管理体制

（一）美国国家科学院

1. 组织结构

国家科学院由 17 个成员组成的理事会管理，其中包括 5 位院领导（院长、副院长、国内事务秘书、国外事务秘书和财务主管）和 12 位理事会的理事，理事由国家科学院院士推选。国家科学院院领导和理事会的理事每年进行选举，于当年 2 月公布选举结果④。

国家科学院下设负责日常行政管理的几个办公室：院长办公室、行政办公室、院士办公室、国外事务秘书办公室、财务办公室、综合事务办公室和发展办公室，以及国家科学院院刊和国家科学院文化项目办公室⑤。

2. 院士的任命与选举制度

国家科学院实行院士制度，主要分为本国院士和外籍院士，均通过选举产生，院士候选人由院士提名，主要依据为候选人的原创性研究成就。当选为国家科学院院士是科学家或工程师的最高荣誉之一。截至 2014 年年底，国家科学院共有院士 2250 位，其中外籍院士 440 位。所有院士均分属于六大学团及其 31 个学部（表 6-2）。

国家科学院院士每年增选一次。当前，国家科学院每年产生 72 位本国院士和 18 位外籍院士，每年在华盛顿召开一次年会，当选的新院士名单通过年会新闻稿向公众

① NAS. About Us. http：//www. nas. edu/nrc/index.html［2012-7-2］.
② NAE. About NAE. http：//www. nae. edu/About. aspx［2012-7-25］.
③ IOM. About the IOM. http：//www. iom.edu/About-IOM. aspx［2012-7-25］.
④ NAS. Membership. http：//www. nasonline. org/about-nas/membership/［2012-7-25］.
⑤ NAS. Leadership and Governance. http：//www. nasonline. org/about-nas/leadership/nas-council. html［2012-7-25］.

公布①。

表 6-2 国家科学院六大学团及其 31 个学部②

学团	学部
物质与数学科学	数学
	天文
	物理
	化学
	地质学
	地球物理学
生物学	生物化学
	细胞与发展生物学
	生理与药物学
	细胞与分子神经科学
	植物生物学
	遗传学
	进化生物学
	系统神经科学
	生物物理与计算生物学
工程与应用科学	工程科学
	应用数学科学
	应用物质科学
	计算机与信息科学
生物医学	医学遗传学、血液学和肿瘤学
	医学生理学与新陈代谢
	免疫学
	微生物生物学
行为与社会科学	人类学
	心理与认知科学
	社会与政治科学
	经济学
应用生物学、农业与环境科学	动物、应用微生物学
	植物、土壤与微生物学
	环境科学与生态学
	人居环境科学

① NAS. Membership. http：//www. nasonline. org/about-nas/membership/［2012-7-25］.

② NAS. Organization. http：//www. nasonline. org/about-nas/organization/［2012-7-25］.

（二）美国国家工程科学院

1. 组织管理

国家工程科学院理事会由主席、院长、副院长、财政官员、国内事务秘书和国外事务秘书等6位负责人，以及12位理事组成，理事由国家工程科学院院士推选①。国家研究理事会是国家科学院和国家工程科学院的主要运行机构。

国家工程科学院下设院长办公室、内政事务办公室、国外事务办公室、行政办公室、会员办公室、项目办公室和发展办公室。

2. 院士选举制度

国家工程科学院院士通过现任院士提名选举产生，个人不能申请工程科学院院士。已当选的国家工程科学院院士来自各界：企业界和学术界的管理者、技术人员、大学教授和政府管理人员，以及政府和私营工程组织的领导人等②。

国家工程科学院院士分本国院士和外籍院士。只有满足下述条件之一者才有资格当选：在工程研究、实践或教育等方面有重大贡献者；开拓新的工程领域和发展了技术领域，在传统工程领域取得重大成就者；对工程教育提出了创新性方法或有创新性改进者②。

国家工程科学院院士的选举遵循严格的程序，选举结果在每年的2月中旬公布②。截至2014年年底，国家工程科学院共有院士2250位，其中外籍院士214位。国家工程科学院院士均分属于学科领域涉及广泛的12个学部：土木工程学部，计算机科学与工程学部，电能/能源系统工程学部，电子、通信和信息系统工程学部，工业、制造和运筹系统工程学部，材料工程学部，力学工程学部，地球资源工程学部，跨学科工程专门领域学部③。

（三）美国国家医学科学院

1. 组织管理

国家医学科学院理事会是国家医学科学院的管理机构，由23名成员组成。其中5名成员组成执行委员会，代表理事会负责美国医学科学院所有项目的评审和修订。该理事会的所有成员均由院士选举产生④。

国家医学科学院下设如下9个委员会：非洲科学院发展委员会，儿童、青年和家庭委

---

① Leadership. http：//www. nae. edu/About/leadership. aspx［2016-3-17］.

② NAE. Becoming a Member . http：//www. nae. edu/About/BecomingaMember. aspx［2012-7-25］.

③ NAE. 2014 Annual Report. http：//www. nae. edu/File. aspx?id=141632［2016-3-17］.

④ NAM Leadership. http：//www. iom. edu/About-the-nam［2016-3-17］.

员会，食品和营养委员会，全球健康委员会，保健服务委员会，卫生政策教育项目和奖学金委员会，健康科学政策委员会，选择性种群健康委员会，人口健康和公共卫生实践委员会。

2. 院士选举制度

国家医学研究院实行院士制度，院士分为本国院士和外籍院士。本国院士和外籍院士均通过院士提名选举产生。截至 2010 年，国家医学科学院共有 1700 多名院士和外籍院士。每年新选举不超过 70 名本国院士和 10 名外籍院士。每年院士的提名周期为当年的 11 月 1 日至次年的 2 月 1 日。院士选举工作在夏季末举行，之后在 10 月份年会上发布新当选院士名单。①

国家医学科学院的章程规定，1/4 的院士可由医学以外的专业选举产生，比如自然、社会和行为科学，以及法律、管理、工程和人类学领域。满足以下条件之一者可以当选为美国医学研究院院士：在医学和健康领域及相关领域取得优秀的学术成就；能够持续参与健康问题、疾病预防、教育或研究等问题的讨论；愿意积极参与美国医学研究院的活动。②

（四）美国国家研究理事会

1. 国家研究理事会管理董事会

国家研究理事会由国家科学院、国家工程科学院、国家医学科学院三院共同管理，具体由国家研究理事会管理董事会负责管理。国家研究理事会管理董事会由如下 13 人构成：管理董事会主席 1 人（由国家科学院院长担任）、管理董事会副主席 1 人（由国家工程科学院院长担任）、管理董事会理事 11 人，由国家医学科学院院长③及来自美国著名大学、美国科学促进会、企业界和 Keck 基金会等的人员组成。

2. 执行与行政机构

国家研究理事会是负责国家科学院和国家工程院的执行机构，由行政管理部门、执行部门和项目部门等三大单元组成。

国家研究理事会行政管理部门和执行部门设有下述办公室：国会与政府事务办公室、综合法律顾问办公室、安全办公室、通信与国家科学院出版社办公室、信息与技术服务办公室、人力资源办公室、行政管理办公室、首席财务官员办公室等。还设有报告评审委员会。

国家研究理事会项目部门下设行为与社会科学和教育学部、地球与生命科学部、工程与物质科学部、政策与全球事务部、运输研究部五大学部，开展咨询研究工作。各学部下

---

① IOM. About the IOM. http：//www. iom. edu/About-IOM/Membership/Election-of-Members. aspx［2012-7-25］.

② Election Criteria and Process. http：//nam. edu/abont-the-nam/#ert_panel-1［2016-3-17］.

③ NAS. Organization List & Staff Directories. http：//www.nas.edu/directories/index.html［2012-7-25］.

设研究中心、项目委员会等下属机构（表 6-3）。还设有医学科学院项目部。国家研究理事会总负责人由国家科学院院长担任。

表 6-3　国家研究理事会项目部门下的五大学部及其下属机构

学部	下属机构
行为与社会科学和教育学部	行为、认知与感觉分部
	儿童、青年与家庭分部
	科学教育分部
	测试与评估分部
	经济、管理与国际研究中心
	教育中心
	司法委员会
	国家统计委员会
	人口委员会
	全球变化人类问题委员会
	数学科学教育学部
	教师咨询理事会
地球与生命科学学部	农业与自然资源分部
	大气科学与气候分部
	化学与技术分部
	地球科学与资源分部
	环境研究与毒物学分部
	生命科学分部
	灾害分部
	实验室动物研究所
	原子核与放射研究分部
	海洋研究分部
	极地研究分部
	辐射影响研究基金会
	水科学与技术分部
工程与物质物学部	航空与空间工程分部
	空军研究分部
	军事科学与技术分部
	基础设施与建筑环境分部
	制造与工程设计分部
	数学科学与应用分部
	物理与天文分部
	计算机科学与电信分部
	实验室评估分部
	国家材料咨询分部
	海军研究分部
	空间研究分部

续表

学部	下属机构
政策与全球事务部	非洲科学院发展分部
	高等教育与劳动力分部
	国际科学组织分部
	研究数据与信息分部
	科学技术与经济政策分部
	Christine Mirzayan 科技政策研究生计划
	人权委员会
	国际安全与武器控制委员会
	科学工程与公共政策委员会
	科学、工程与医学妇女委员会
	发展、安全与合作分部
	奖学金办公室
	政府 - 大学 - 产业研究分部
	可持续发展科学与技术
运输研究部	合作研究计划
	研究与特别计划
	战略高速公路研究计划
	技术活动部
国家医学科学院项目*	

*表示国家医学科学院项目遵循国家研究理事会的程序

四、美国国家科学院系统决策咨询研究机制

国家科学院、国家工程科学院和国家医学科学院都遵守国家科学院系统相同的决策咨询研究程序进行咨询研究，主要以“项目委员会制”开展咨询研究，它们都通过国家研究理事会开展决策咨询研究。

国家科学院系统的决策咨询运行富有特色，大部分项目来自美国国会、联邦各部委和国家科学基金会，少部分项目来自本院开展的自主研究，主要依据国家科学院系统自愿者（各领域专家）的创意进行研究，这些研究后来可获得外部资助。资助者可以对参与到项目委员会的专家人选提出建议，但项目委员会的所有成员最终都由国家科学院系统确定，资助方雇员或官员不能参与到项目委员会中。国家科学院系统也通过私人出资研究一些没有政府资助的重要科学和政策问题。除报销一些相关费用外，项目委员会成员无偿提供服

务[①]。

科学决策咨询项目的运作流程必须经历下述五个阶段：确定要研究的问题（包含填写项目任务书的研究内容、时间期限、经费预算等），成立项目委员会（严格筛选项目委员会候选人），项目实施（项目启动会，收集信息，商讨与起草研究报告），研究报告评议评审（对研究报告的质量和客观性进行严格审查），研究报告发布传播（设计报告传播的关键原则）[①]。国家科学院系统的每个决策咨询项目研究的全过程都是受控和平衡各方利益的，都要求确保咨询研究的独立性和客观性，产出的研究报告受高质量的评审标准控制，提出的建议是中立、客观和无党派的 。

决策咨询研究过程包括以下几个方面。

1. 确定要研究的问题

首先，主管和各部门成员与项目发起人（项目委托方）一起确定需要研究的问题，形成项目任务书（包括研究时间、成本和研究范围），为专家意见的确定提供基础，平衡委员会的观点。

任务书、工作计划和预算必须由国家研究理事会管理部的执行委员会评议核准，这些评议有时会改变任务和工作计划，一旦认为项目研究框架不符合国家科学院的研究范围，还有可能遭到否决。

2. 成立项目委员会

选择合格的项目委员会成员是咨询研究成功的基础。国家科学院系统要求所有项目委员会成员均以专家个人身份参加而不代表任何组织或利益集团，每个成员都能以其专业知识和正确判断对项目作出贡献。

1）遴选项目委员会的过程与标准

一是考虑项目任务的专业技术范围。入选项目委员会的专家应具有从事项目研究所需的专业技术和经验。国家科学院系统的优势之一在于能将不同专业和背景的公认专家召集在一起开展研究，鼓励各组专家用创新思维思考如何解决项目任务书中提出的问题。

二是综合平衡各方观点。仅有公正的专家意见还不是研究成功的充分条件，整体评估项目委员们的不同经验和观点也很重要。用国家科学院系统的评判标准综合评估各方观点，旨在确保不同观点的适当平衡，便于项目委员会能够客观和可靠的完成研究任务。

三是利益冲突。利益冲突是指由于个人因参与项目研究而可能为自己或第三方带来的经济上或其他任何形式的利益，这种利益的存在可能会极大地影响个人的客观立场，并给

---

① NAS. Our Study Process. http：//www. nationalacademies. org/studyprocess/［2012-7-25］.

他人或机构带来不公正的竞争性优势，会对委员会的工作造成直接的危害。为此，所有候选成员都要经过正式的书面程序评估是否可能存在利益冲突。一旦发现某个成员存在可能的利益冲突，国家科学院系统会很快公开披露此消息，该成员将不被选入或是停止其服务委员会。

此外，在项目委员会选择成员时，需要说明成员是否具有国家科学院系统所属的三家机构（国家科学院、国家工程科学院、国家医学科学院）的成员资格，以及是否是妇女、少数民族和青年专业人员等。

2）项目委员会成立的步骤

首先要从广泛的来源中遴选大量潜在的项目委员会成员，再推荐候选人提名。然后国家科学院按多个级别评议被推荐的候选人，国家科学院院长审批委员会临时候选人，国家科学院系统在“在研项目系统”平台上公示项目委员会临时成员名单，并接受公众评议。期间国家科学院系统会公布项目委员会临时成员的背景信息及利益冲突的相关信息。在第一次会议中，国家科学院系统将对项目委员会成员进行平衡并讨论利益冲突问题。会议结束后，国家科学院系统将调查研究关于利益冲突或项目委员会的平衡问题和专家意见，就此提出调整意见并最后确定。最终项目委员会正式获批准成立。在项目执行的整个过程中，项目委员会成员都要接受对其利益冲突的筛查。

3. 项目实施

项目委员会收集信息的途径主要有：通过向公众开放的会议获取信息（会议由国家科学院系统网站提前发布），来自国家科学院系统外各方提交的信息，科学文献综述，项目委员会成员和工作人员开展的调研。

只要不违背联邦法律，除少数情况外，项目委员会收集的会议信息都向公众开放，非官员、机构代理或国家科学院系统雇员以外的个人向项目委员会提供的任何书面材料只要是通过检验有效的，公众都可以获取。

为使咨询研究起草和提出建议阶段免受外界影响，项目委员会不向公众公开会议讨论中的情况，咨询报告中所有分析和草案均是保密的，但可向公众提供会议的概要（包括项目委员会成员名单）。

4. 研究报告评议评审

国家科学院系统产出各种形式的研究报告（包括会议摘要、署名论文、短讯报告、或其他研究产出）都必须通过报告评审委员会咨询专家组独立、严格的评议评审，这成为国家科学院有别于其他决策咨询组织的一大特色。针对不同形式报告，国家科学院系统制定了不同的评审标准，如“共识报告评审标准”“短讯报告和其他简短文件的评审标准”“研讨会报告和提要评审标准”“研讨班会认文集评审标准”“报告评审委员会成员资格评审”。以共识报告为例，其评审标准如下。

（1）独立性：国家科学院系统对有争议的问题的审查可以不受政治或其他因素的影响，因为他们不是联邦政府的一部分。

（2）专业性：国家科学院系统吸引美国和全世界的科学、技术、工程和健康等领域专家，来产出这些共识报告。

（3）客观性：项目委员会有严格的程序平衡各方观点、避免利益冲突，确保咨询的公平和公正。

（4）严谨性和完整性：每个共识报告在研究过程中都一丝不苟，确保研究结果与事实和证据相匹配，共识报告在公开发布前均需经过匿名的同行评议评审，从而保证研究结果的可信性和可靠性。

（5）以证据和事实为基础：共识报告中的所有研究结果、结论和建议都需基于最可靠的数据。

（6）基于非利益相关者的产出：国家科学院系统的共识报告是基于证据和事实进行研究的，报告一旦完成并公布，项目委员会便解散。国家科学院系统不涉及该报告所研究问题的利益相关者。

（7）几乎所有的共识报告都来自院外的需求：国家科学院系统的研究大都来自国会、联邦政府、州政府和一些基金会的要求。只有少量的共识报告是国家科学院系统自主开展的研究。例如，“9・11”事件后，开展了有关国家安全方面等重要主题的应急研究、对干细胞研究的指导方针等。

（8）国家科学院系统不为营利性的私营公司的项目提供咨询服务。

当前，国家科学院系统报告评审委员会的成员来自国家科学院、国家工程科学院和国家医学科学院，委员会从制度上监督咨询报告的评审过程。

项目委员会对咨询报告的评议意见必须有所回应，但不必趋同。这些回应还需接受1～2位报告评议监测人的检查。项目委员会的所有成员与相应的国家科学院系统办公人员在咨询报告最终的活动结束后，需将咨询报告返回给研究的发起者，并向公众发布。研究的发起者不能再改动报告，报告评议人的名字和附属关系也将随报告的发布向公众公开。

5. 研究报告发布传播

1）国家科学院多种形式的研究成果

服务于国会的专门咨询报告。《国会咨询报告》作为独立的报告始于1863年美国国家科学院为国会提供的第一份咨询研究报告，现已有100多年的历史。国会的宪章规定，国家科学院每年要为国会提供年度咨询研究报告，包括当年度国家科学院（现在是国家科学院系统）所完成的全部咨询研究清单，国会委托计划的清单，以及有关的收益等①。

出版定期刊物和传记。国家科学院出版多种极富声望的期刊，并收集院外的重要新闻信息开展推送服务。如《美国国家科学院院刊》是世界上高被引的多学科期刊，自 1914 年创刊以来，它持续关注有关研究前沿的报告、述评、展望、专题研讨会等文章。《科技政策问题》（季刊）以论坛的形式讨论与科学、工程和医学等相关的公共政策问题，可在线免费下载。自 1877 年以来，《传记回忆录》主要刊载在科学界享有盛名的已故国家科学院院士的生平及其专题系列著作等②。

在线咨询报告。美国国家科学院出版社在线出版由国家科学院、国家工程科学院、国家医学科学院和国家研究理事会共同产生的研究报告。每年出版数百份咨询报告，涉及科学、工程、健康等主题的权威研究报告和书籍，可免费在线获取③。

此外，国家科学院还有多种渠道的研究成果产出的载体。例如与 Google 合作，建立数字研究中心馆藏，可检索并免费获取全；与社会媒介合作，公众可通过 Facebook 和 Twitter 了解国家科学院的工作；国家科学院档案、研究中心馆藏，包括自国家科学院成立以来产出的科学、扶术、工程和医学等方面的著述④。

2）国家工程科学院特色研究成果

国家工程科学院年度报告。每年出版，主要提供工程院每年从事的研究和取得的成效，由国家科学院出版社在线平台刊登⑤。

“工程前沿研讨会”文集。该文集是国家工程科学院富有特色的出版物之一。美国以及美国与德国、日本、印度、中国和欧盟等召开的双边“工程前沿研讨会”会议的全部论文与讲演经会后整理，于第二年由国家科学院出版社出版⑥。

“桥”——国家工程科学院与各界就关注的问题进行交流讨论的产物。国家工程科学院自 1996 年开始出版取名为“桥”（The Bridge）的报告，按每季度一册每年共四册，以后每年均出版四册。“桥”主要就下述主题表明观点并进行分析：工程、研究、教育和实践；科技政策；工程与技术在社会各方面产生的作用⑦。

3）国家医学科学院产出的报告

共识报告。共识报告是项目委员会经过审议之后的报告。共识报告包括基于科学证据的发现、结论和建议。自 1998 年以来，国家医学科学院发布了 464 份共识报告⑧。

---

①②③④ NAS.Proceeding of the national Academy of science. http：//www. nasonline. org/publications/pnas/［2012-7-25］.

⑤⑥⑦ NAE.Publications. http：//www. nae. edu/Publications. aspx［2012-7-25］.

⑧ The institute of Medicine, Reports. http：//www. iom. edu/Reports. aspx［2012-7-25］.

咨询研究报告。国家医学科学院自成立以来发布了很多有深度的咨询研究报告，仅2008年以来，就对外公布了近20份大型咨询报告，如《21世纪的卫生与公共服务部：为更健康的美国描绘新路径》《知道卫生保健该做什么：国家路线图》《美国健康指标：通讯报告》《美国儿童研究计划评述》等。

通讯报告。通讯报告同样是由项目委员会经过审议之后的报告，它以典型的信件形式答复资助者或者第三方，通常由基于科学证据的发现、结论和建议等三部分组成①。

研讨会报告和总结。研讨会报告是在研讨会上的发言和讨论的总结。研讨会总结是研讨会的发现和讨论稿。研讨会报告和总结仅包括研讨会上参加和出席会议人员的观点，不包括共同发现或者建议。研讨会报告和总结不能反映国家医学科学院的观点。自1998年以来，国家医学科学院发布了227份研讨会总结①。

需要指出的是，除了国家研究理事会的研究活动外，国家工程科学院还利用自有资金进行独立的项目研究，主要研究能产生重要经济和社会影响的工程与技术方面的重要主题。近年来，国家工程科学院主要关注如下主题的咨询研究：在经济增长与环境保护之间建立平衡；在全球经济与技术相互依赖的时代确保国家财富；提供受良好教育和培训的劳动力的支持和教育系统。

五、美国国家科学院系统决策和公共影响

国家科学院为美国国会、联邦政府和州政府发挥重要的决策咨询作用，其多种形式的报告通过可供各界共享的网络平台——国家科学院系统出版社在世界广为传播，并产生影响。不仅如此，国家科学院还通过年会专题研讨会、在世界范围内促进并支持学科交叉和学科前沿研究的项目、颁发奖项和奖学金等在全球发挥影响力②。

1. 发布可靠而有深度的研究咨询报告对政府决策产生影响

国家科学院为国会提供的研究咨询报告是其工作的重点和亮点。国家科学院每年都会发布若干有深度的研究报告，它们是美国政策分析和选择的重要基础，对美国政府决策产生较大影响。

2. 举办具有广泛影响力的年会或研讨会

每年4月，国家科学院结合其年会举办公共专题研讨会，并宣布当选的本国和外籍新院士。1864年，国家科学院召开了首届年会，到2015年已是第152届年会。

---

① The Institute of Medicine. Reports. http：//www. iom. edu/Reports. aspx [2012-7-25].

② NAS. Podcasts. http：//www. nasonline. org/news-and-multimedia/podcasts/ [2012-7-25].

国家工程科学院主办的“工程前沿研讨会”是其举办的众多活动中的重要活动之一。从 1995 年召开首届“美国工程前沿研讨会”到 2015 年已举办了 21 届，每年 9 月举办。“工程前沿研讨会”邀请来自产业界、学术界和政府科研机构等各界杰出的青年工程师约 100 位，年龄多在 30 ～ 45 岁，共同探讨各工程领域的探索性工作和尖端研究，尤其是当今工程技术中令人激动的最新研究进展，旨在促进跨领域的技术与方法研究，促进跨工程学科和技术的研究与合作，保持并提升美国的创新能力。“工程前沿研讨会”在美国国内和国际上都产生了较大影响，并推动建立了年轻工程师跨国联系与合作的交流网络①。

国家医学科学院经常举办各种类型的研讨会和圆桌会议，为不同利益的人员就同一主题提供相互交流和讨论的环境。该会议邀请来自政府和企业的领导者，国家医学科学院的专家以及公共利益团体的代表聚集一起进行研讨。

3. 颁发科学贡献奖等奖项

国家科学院为在各个科学领域有突出贡献者颁发奖项，以资奖励。主要按天文与天体物理、行为与社会科学、生物与医学、生物物理、化学、地球与环境科学、工程与应用科学、数学与计算机科学、物理学等学科领域颁发，以及公共福利奖。

国家医学科学院设有多种奖学金项目，用来鼓励科学、医学和健康领域的个人，主要有：美国医学科学院 / 美国护士基金会 / 美国神经病学学会社区杰出护士学者奖学金、美国妇产科委员会奖学金、罗伯特伍德约翰逊基金会卫生政策研究员计划。

4. 向国会和政策制定者提供建议，向社区决策者提出建议

国家医学科学院意识到向国内社区提供服务并扩展其影响力的重要性，开展了多项活动，如 Kellogg 卫生公共基金计划，该计划于 2005 年由 William K. Kellogg 基金资助成立，目的是将美国医学科学院的信息传递给公众和美国社区的卫生决策者，特别是医药信息匮乏的地方。结束烟草问题活动，这是国家医学科学院开展的一项社区资源共享活动。美国医学科学院专门为社区成员建立了网站，供社区成员参考关于社区如何控制烟草的问题。

（刘　剑执笔）

---

① NAE. NAE Annual Meetings.http：//www. nae. edu/Projects/Events/AnnualMeetings. aspx［2012-7-25］.

第二节　英国皇家学会

一、英国皇家学会概况

皇家学会（Royal Society），全称“伦敦皇家自然知识促进学会”，成立于1660年，是为推动自然科学和应用科学发展而设立的，并于1662年、1663年、1669年领到皇家的各种特许证。皇家学会是世界上历史最长而又从未中断过的科学学会，也是英国最具名望的科学学术机构。皇家学会目前有近1500名院士及外籍院士，院士都是来自英国及外籍的著名科学家、工程师和科技人员。

二、英国皇家学会的机构性质及使命定位

皇家学会具有三重角色：英国促进自然科学与应用科学的学术机构、学术协会和资助机构。皇家学会2012～2017年战略规划中提出，其使命是认可、促进和支持卓越科学，并为人类利益发展和利用科学，关注的优先领域包括：促进科学与科学利益、认可科学成就、支持卓越科学、提供科技政策建议、支持国际与全球合作、教育与公共参与。

不同于美国国家科学院在国会指示下给予建言，英国皇家学会作为自发性组织，是一个独立、享有慈善机构特权的社团，不对政府任何部门负正式责任，不必经过政府批准。但它与政府有着密切的关系，政府为学会经营的科学事业提供财政资助。

学会没有自己的科研实体，它的科学研究、咨询等职能主要通过指定研究项目、资助研究、制订研究计划、推动会员与工业界联系及开展研讨会等实现。其任务包括：对国家的科学技术发展、科研经费和人事任免等事项为政府提供咨询服务；提出英国科学界感兴趣的问题；确定科学和研究等优秀课题和人选；促进学校、公众、政府和议会等各界人士对科学和科学教育的意识和了解；举办科学会议，出版科学刊物；授予称号、出资举办讲座，以及颁发奖金、奖章。

同时学会还通过一系列的服务支持科学研究，包括：提供研究资助和奖学金；提供国际交流与合作的机会；代表英国参加非政府论坛；通过会议和出版物促进和传播科学知识；资助科学考察和调查，组织与国外高级科技人员的交往。

该机构工作重点被简洁地以5I来概括：①投资（invest）未来的科技领袖和创新；

②提供科学建议影响（influence）政策制定；③激励（invigorate）科学及数学教育；④激发（inspire）人们对科学研究的兴趣；⑤促进（increase）科技国际合作。

三、英国皇家学会组织结构

皇家学会没有自己的科研实体，通常是由高等教育领域和研究机构提供研究职位，其科学研究、咨询等职能主要通过指定研究项目、资助研究、制订研究计划及开展研讨会等实现。

执行理事（Executive Director）负责皇家学会及其活动的日常管理。执行理事不能是学会的院士，如成为院士，即终止该职位的任职。执行理事需要全时任职于学会，他在理事会和负责人的一般方向下进行工作，但应就员工聘任和一般行政事务向司库负责；需要参加所有的理事会议并负责会议备忘录，这些备忘录要提交秘书通过或修订；负责保管学会的非财务相关的法律文件、记录等[①]。

皇家学会常任工作人员约有 140 名（全日制工作人员）。学会的业务计划与预算每年由理事会通过，通过 8 个行动部门、6 个资源与支持部门来实施。8 个行动部门包括公共参与部、科学史与企业事务部、财务与 IT 事务部、学会与科学事务部、科技政策中心、商务部、媒体与公共关系部，以及企业基金管理部，各部门由部门主任负责管理具体业务，其中企业基金管理部的负责人被称为首席执行官。组织结构如图 6-1 所示。

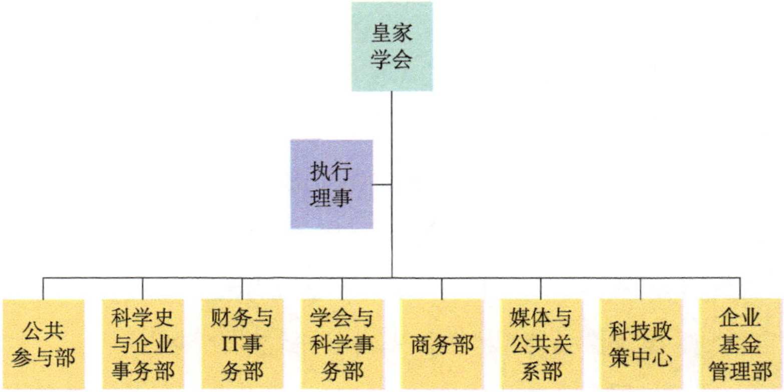

图6-1　英国皇家学会组织结构图

（一）科技政策中心

皇家学会为了做好政策咨询工作，在学会内专门设立了“科技政策中心”，主导整个学会的政策咨询工作。中心的主要工作内容包括：①每年组织出版若干颇具深度的政策咨询研究报告；②组织有关的学术研讨会、发布有关声明、进行媒体宣传、响应咨询和为政

① Royal Society.Executive Director.http：//web. archive. org/web/20080609050941/http：//royalsociety. org/page.asp?id=2235［2012-11-15］.

策制定者制作简报；③定期组织政策研究会议，目的是让科学家、政策制定者和其他思想家相互熟悉对方的工作，就新出现的科技政策问题展开讨论；④代表英国参与国际科学网络，如国际科学院组织（InterAcademy Panel）和国际科学理事会（International Council for Science）。

中心的活动主要集中在四个主题：可持续发展、外交、创新与管理。

政策咨询研究报告往往是由皇家学会院士及其他专家组成的工作组完成的，他们分析针对特定主题问题的科学证据。参与中心工作的人员包括学会的1400名院士及300名大学研究员，参与工作组的包括研究员及经济学家、社会科学家，皇家学会理事会负责评论中心产生的重要报告；合作者包括欧洲、美国、中国、印度等国家和地区的科学机构、政府部门、研究与政策组织、慈善基金会；企业网络还通过独立和具有影响力的论坛聚集了企业和学术界的领导。

中心还设有科技政策咨询组，对政策任务的总体方向负责，还要负责水平扫描、划定新项目及扩大影响。

科技政策中心组织实施咨询活动的流程如图6-2所示。

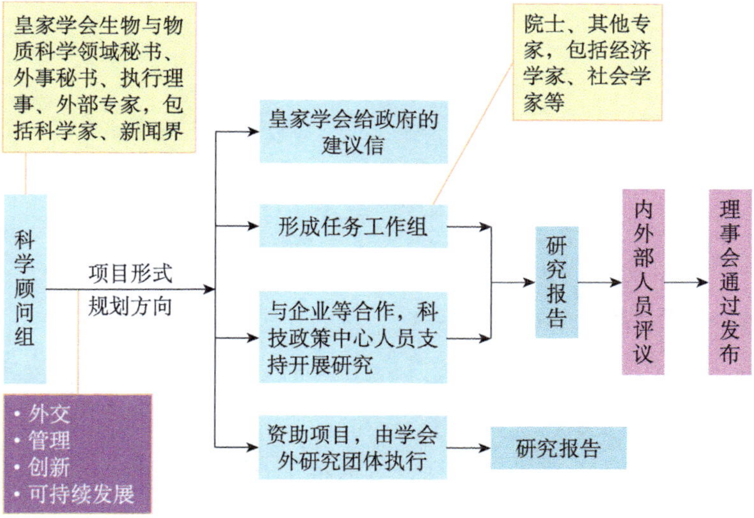

图6-2 英国皇家学会科技政策中心咨询活动流程

（二）科技史中心

科技史中心提供顶尖历史学家和世界级科学家聚集在一起产生关于科技史新的见解的独特环境。该中心有大量的被全世界学者视为珍宝的书籍、档案、绘画、图片和文物收藏，其图书馆和档案室免费向研究人员公众开放；与其他研究机构进行若干项目的研究。

四、英国皇家学会业务管理模式

根据皇家学会章程及理事会议程程序（Standing Orders）的规定，学会的治理结构是“会长领导下的理事会”制度，学会的最高权力机构是理事会。具体管理结构见图 6-3。

（一）理事会构成

理事会共有 21 名成员，每年通过年会改选其中 10 名。21 名成员构成及任期如下。

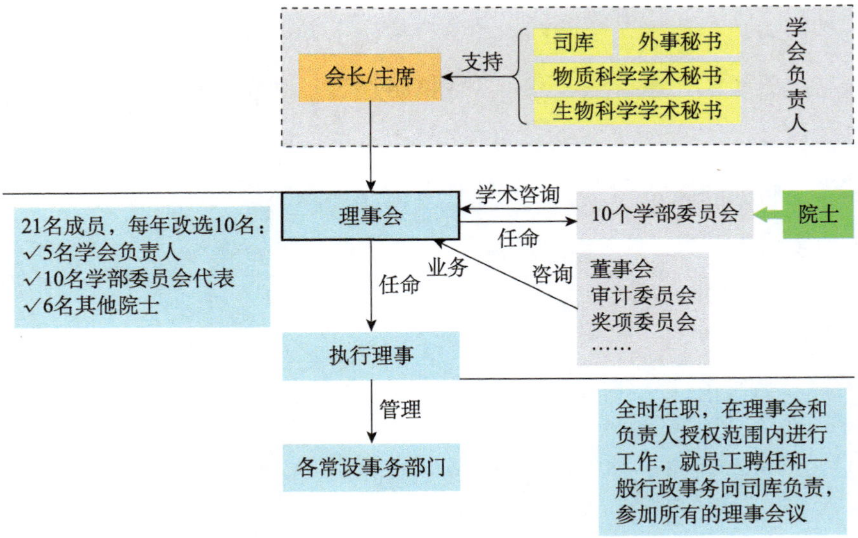

图6-3 英国皇家学会业务管理模式

第一类：5 名学会负责人，包括学会会长、司库、物质科学学术秘书、生物科学学术秘书和外事秘书，后四位领导相当于副会长，任期五年。

第二类：10 名来自 10 个学部委员会（Sectional Committees）的代表，任期不得超过两年，负责就院士和外籍院士的遴选为理事会提供建议。

第三类：6 名其他院士，这些院士的选择要保证理事会成员在学科和地理分布上的平衡和代表性，6 名中的 2 名可以任期两年，其余均为一年。

（二）理事会职责

理事会的职责为依据学会章程指导学会的整体政策，具体包括：①管理学会业务的所有相关事务。②将业务的管理委托给它认为适当的负责人、员工或外部咨询专家；任命适当和有能力的个人、企业作为协会的投资管理者等。③及时确定建立一些委员会，委托这些委员会完成理事会的特定职能，每个委员会都应定期向理事会汇报。④制定、取消或修订有关协会事务规范的“议程程序”文件。

理事会设有一系列为其提供建议的委员会，这些委员会的成员不限于学会院士。由会长、学会负责人和执行理事构成的董事会就政策管理问题向理事会提供建议；审计委员会直接向理事会报告，负责学会内部评估审计财务声明等事务。奖项委员会就学会的奖章、奖励和奖金的获得者向理事会提供建议，其成员是学会的院士，由物质和生物学术秘书各自担任主席，其他委员会包括教育委员会、图书馆委员会等[①]。

（三）理事会成员的遴选

理事会成员每年通过通讯投票产生，目前的议事程序规定，每年至少更换 10 名，但所有理事会成员中，除了任期一年的，其余每年都要重新参选。理事会可能建立多种类型的委员会以支持其工作，这些委员会可以包括院士及外部科学家。

会长既是学会的领导也是理事会的主席，在学会院士中遴选产生，任期不能超过五年。学会不为会长支付工资，通常平均每周花费两天时间在皇家学会的办公室处理事务。

第一类成员的遴选过程：由院士提名候选人，再经院士和理事会讨论，由理事会通过、会长任命。

第二和第三类成员每年要进行遴选，程序如下：会长在年会后告知所有院士下一年哪一个学部委员需要新成员作为第二类代表，并就第三类成员征集提名；相关的学部委员会提出其候选人，并通过会议选出至少两名候选人；第三类成员要在三名院士的支持下由一名院士提名；理事会确认学部委员会成员提名，并给出第三类成员的候选人员名单；所有院士以通讯投票的方式参与候选人遴选；理事会确认通过投票结果[②]。

五、英国皇家学会规划的制订

董事会负责讨论学会在战略、政策、财务、人力资源与信息技术事务方面的问题，还就理事会上要考虑的文件进行讨论并提供建议。

董事会的构成：学会会长为董事会主席，成员包括学会负责人和执行理事。此外，科技史中心、财务与业务部、公共事务部与科技政策中心的主任也列席董事会。董事会通常在理事会召开之前进行[③]。

---

① Royal Society. Committees.http：//royalsociety. org/awards/committees/［2012-12-20］.

② Royal Society. Election of other Members of the Council of the Royal Society.http：//web. archive. org/web/20080609053940/http：//royalsociety.org/page.asp?tip=1&id=3008［2013-12-19］.

③ Royal Society. Governance. http：//royalsociety. org/about-us/governance/board/［2013-12-19］.

目前皇家学会的战略规划主要体现在其 2012 ～ 2017 年战略规划中，规划的形成咨询了学会院士、外籍院士及其他人员。

六、英国皇家学会学部委员会及院士遴选

（一）学部委员会

皇家学会的院士分属 10 个学部委员会，包括：理论与应用数学、计算科学；天文学与物理学，包括理论物理与应用物理；化学、应用化学、理论化学；工程；地球科学与环境科学；生物化学、结构生物学与分子细胞生物学；发展生物学、基因学（不包括人类基因学）、免疫学与微生物（不包括医学微生物学）；解剖学、生理学和神经科学；有机、进化和生态科学，包括土壤和农业；健康与人类科学。

学部委员会的委员来自学会的院士，由理事会来任命，委员要保证能代表每个知识领域的几个分支，并得到院士们的支持。每个学部委员会就本学部的事务向理事会及负责人提供建议。理事会每年任命一位委员会成员成为委员会主席，作为委员会与理事会及负责人之间的沟通中间人，必要时，主席还可以任命一位执行主席。

每个学部委员会的成员数量由理事会决定，但不少于 9 名，其中每年更换 1/3。理事会成员可以应邀参与委员会会议。

（二）院士成员构成及遴选

起初，皇家学会的院士都是选举产生的，但是规则模糊，大部分的院士都不是专业科学家。1731 年订立了规矩，所有院士候选人都必须获得书面推举，并需要得到支持者的签名。到 1847 年，学会决定将来院士的获选提名必须根据他们的科学成就来确定。这个决定让皇家学会从一个“会社”变为实际上的科学家学会。从 1848 年开始皇家学会的会员仅限于科技界中有独创性的知名科学家。

皇家学会自 1847 年首度遴选院士起，便透过复杂的年度程序维持标准。院士的遴选由 10 个学部委员会来决定，新院士推荐案会送入评选委员会审查，之后再将候选名单送交全体大会议决，而非由院士决定所有提名案。

皇家学会成员分为皇家会员、院士和外籍院士 3 类。目前，学会共有约 1400 名院士，其中包括 80 名诺贝尔获奖者和 140 名外籍会员。会员遴选要通过对科学的卓越性进行同行评议过程。每年从最著名的科学家中选出 44 名新会员和 8 名外籍新会员。学会院士必须自愿为该学会和科学发展作贡献。

皇家学会院士是终身的，其权利与责任包括：为学会提供财政支持；理事会职位的被选举权；选取新院士的权利。

七、英国皇家学会经费收支情况

1850 年，英国国会第一次投票同意给学会拨款，用以资助科学研究，当时的拨款是 1000 英镑，到 1876 年拨款数升至 5000 英镑。2011 年总收入经费为 7286 万英镑，经费来源中 68.2% 来自国会拨款资助特殊工程和项目，13.1% 来自企业和社会基金捐赠，见图 6-4。

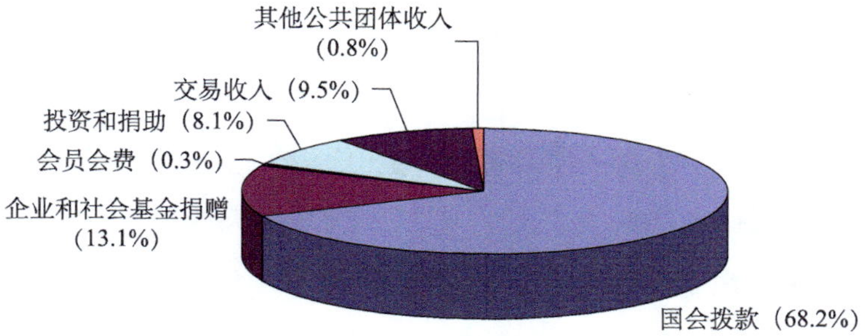

图6-4　英国皇家学会经费来源构成

2010～2011 年皇家学会各项活动的支出比例如图 6-5 所示[①]。由此可以看出，咨询功能在皇家学会仅占很小份额。

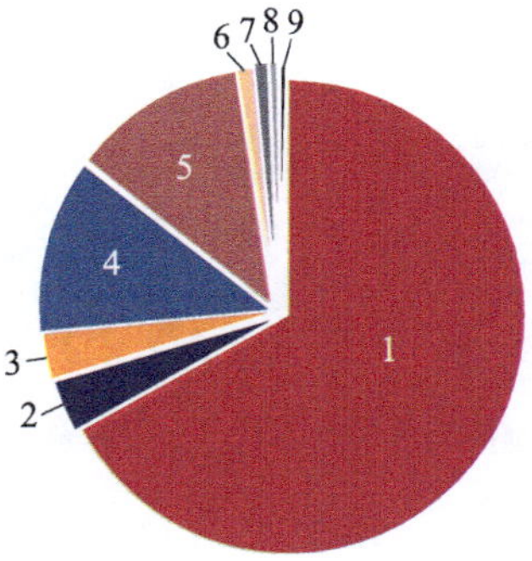

支出	千欧元
1 投资（Invest）未来的科技领袖和创新	48 169
2 提供科学建议影响（Influence）政策制定	2 318
3 激励（Invigorate）科学及数学教育	2 129
4 促进（Increase）科技国际合作	8 608
5 激发（Inspire）人们对科学研究的兴趣	8 459
6 监管	625
7 筹款	551
8 投资管理	387
9 补贴等形式的交流	146
合计	71 392

图6-5　英国皇家学会经费支出构成

（王建芳 执笔）

① Royal Society. Review of the Year 2010/11. http：//royalsociety. org/uploadedFiles/Royal_Society_Content/about-us/reporting/2011-11-08-Review-of-the-year. pdf [2013-12-19].

第七章 总结与启示

国立科研机构，也被称为国家科研机构，是由国家建立并资助的科研机构，其体现国家意志、有组织、规模化地开展科研活动，是国家创新体系的重要组成部分。

在发达国家，成立国立科研机构是一种普遍现象。他们在国家科学技术体系中具有独特的功能和地位，并发挥着其他类型机构所不可替代的重要作用。这些科研机构的具体形式有国家实验室、国家研究中心、国立研究所或联邦实验室等，尽管我国与发达国家的文化、历史、政治体制和科学体系类型有所不同，但在科技发展和科研组织方式及管理等方面有很多共性。2015 年 9 月，中共中央办公厅、国务院印发的《关于深化体制实施方案》提出，我国要构建更加高效的科研体系、构建符合创新规律，职能定位更加清晰的治理结构，完善科研组织方式和运行管理机制。在新形势下，借鉴国外在科研组织方式及管理等方面的成功经验，探索由国家支持的研究机构的组织和管理方式，建立和完善现代院所制度，是我国科技发展和科技体制改革中亟待解决的问题。同时这对于落实中央精神，实施国家中长期科技发展规划提出的国家创新体系建设任务也具有重要意义。本章从国立科研机构的形成与发展、国立科研机构的作用与地位、国立科研机构的管理体制与治理模式及管理制度变革的趋势等方面总结分析国立科研机构的基本特征，以为我国科技体制改革和发展提供参考。

第一节　国立科研机构的形成与发展

现代意义上的国立科研机构发源于欧洲。在近代科学早期，欧洲出现一批由国家支持的科学组织。成立于 1660 年的英国皇家学会是最早的由国家支持的近代科学组织之一。而

1666年成立的法国科学院通常被认为是最早的国立科研机构。19世纪后，科技对经济社会、国家安全的影响日益显著，各国政府对科技广泛涉入，国立科研机构快速发展，成为各国最重要的战略科技力量[①]。

第一次世界大战的爆发使英、法、美等国政府认识到本国在国防和有关工业方面的弱点，使它们重视了对工业技术的研究。第二次世界大战前后各国均大大加强了对科学技术活动的干预，强化了政府在科技发展中的作用，纷纷建立各种国立科研机构。第二次世界大战后世界进入冷战时代，核技术、空间技术对政治、军事和经济发展都十分重要，因而成为各国政府竞相研究的热门领域。法国在1945年成立"法国原子能总署"，美国1946年成立"原子能委员会"，加拿大在20世纪50年代初创建"加拿大原子能有限公司"，澳大利亚成立了"原子能委员会"，英国在1954年成立了"原子能署"……在空间科学研究方面，美国在1958年成立了"国家宇航管理局"，法国在1961年成立了"国家空间研究中心"。英国、日本等国也都相继建立了自己的国家空间科学机构。由于大科学研究耗费巨资，一些欧洲国家政府开始创建合作研究机构，于是在1954年出现了"欧洲核子研究中心"，20世纪60年代初成立了"欧洲空间组织"等机构。

在第二次世界大战后的20多年里，世界经济增长迅速，各国国立研究机构的发展也很迅速。随着社会经济的发展，根据政府的需要，或是不断调整原有科研机构的研究方向，或是以原有机构为基础衍生出新的机构，或是再创建一批新机构，开辟新的研究领域，如医学、环境科学、海洋科学、材料科学、信息技术和生物科学等。国立科研机构经过了一个世纪左右的发展，它们的研究领域不仅包括自然科学、工程科学，而且也包括社会科学，覆盖了政府干预的所有领域。

从国立科研机构的发展历程可以得出这样的结论：一个国家科学技术的发展，始于国立科研机构的建立，决定了迄今国立科研机构仍然是一个国家科技的重要基础，从根本上影响着国家规划布局；尽管科研机构发展史上经历了多次大的变化，但国立科研机构仍然是一个国家科技发展最高水平的代表；国立科研机构主要服务国家目标，是一个国家综合国力的集中表现，关系着国家长远发展和战略全局，在国家创新体系中发挥着核心和引领作用。

---

① 白春礼.世界主要国立科研机构概况.北京：科学出版社，2013：3.

第二节　国立科研机构的作用与地位

在世界各国中，科研组织体系主要由国立研究机构为主的政府研究机构、高等院校和企业研究机构组成。在发达国家还普遍存在一类由私人基金会和民间学术团体创办的非营利研究机构，但其数量和产生的影响与前三类研究机构无法相比。

企业的性质和它们以赢利为目标的经营活动，决定了它们主要根据市场需求从事应用技术和新产品的研究开发，并力求在最短的时间内收回其研究投入。尽管在发达国家的少数大企业也从事一部分基础研究，但所占比例甚低。

高等院校的基本职能是教育。其中部分教学科研结合型大学担负着培养人才和开展科研的双重任务，它们主要采用科学基金制，以领域广泛的自由探索性研究为主，同时也承担一定的国家项目和企业的应用和开发项目。就美国来说，在它的3000多所高校中，被卡内基高等教育委员会划为研究大学的仅90多所，它们中的60所研究经费占全美高校科研经费总额的80%，而其中的21所竟可占到总额的一半以上。这说明，各校科研活动的规模差异很大，而且科研活动集中在少数院校。

国立科研机构的作用是与政府的职能联系在一起的。它们主要承担那些与国家利益相关、具有全国意义、涉及国计民生和国家安全的重大项目研究，或企业、高等院校和其他社会组织感到耗资大、有风险，不愿开展或无力开展的基础科学技术，某些高技术、竞争前技术和共用技术的研究，有关提高人民生活质量的社会公共、公益领域的科技研究，如医学卫生等，还有政府履行职责所必需的技术监督、标准计量、质量控制、环境控制等方面的科研。它们原则上不与企业、高校重复研究。即使在以企业研究为主体的发达国家中，国立科研机构在国家科研系统中的主导作用，也是无可替代的。

第三节　国立科研机构的治理模式

在世界主要国家，特别是发达国家，对国立科研机构都是严格依法进行管理的。在美国，与国家实验室直接相关的法律主要是机构法、授权法和各种专项法。联邦法典第5卷

“政府机构与雇员法”详细规定了政府机构的组织结构、权利与义务、运作、行为，雇员的雇用与管理等。该法为政府机构的通法。每个联邦政府机构及其下属机构在成立时都必须经过法律程序，关于某机构成立的法律一般都以该机构的名称命名，如《国家标准与技术研究院法》《国立卫生研究院法》等，更具体地规定了该机构的职能、组织结构、人员数、机构负责人的职责等。在日本，政府对国家科研机构也是以相应的法律、政令来进行管理的。政府在成立某一研究机构时，均相应地制定一项具体的法规，如《航空宇宙技术研究所组织规则》《理化学研究所法》《理化学研究所法施行令》《理化学研究所法施行规则》等。

多数国家的国立科研机构采用政府创建，主管部门直接管理的模式进行管理。其中有些国立科研机构本身就是政府职能部门的一部分，如美国卫生与人类服务部的国立卫生研究院等，主管部门对它们的管理基本上同其他职能部门一样。

德国、日本、韩国等对部分政府研究机构采用政府创建，自主管理的方法。德国的亥姆霍兹联合会包括国家 16 个大研究中心，这些研究中心均由政府创办，但其组织则以各种民间机构的形式出现，以公司形式成立的有生物技术研究所、环境与健康研究所、数理信息处理研究所、Julich 核能研究所、核子科学研究所、HMI 核能研究所、重离子研究所等；以团体法人形式出现的有极地海洋研究所、同步辐射加速器研究所、癌症研究中心；以社团法人方式出现的有航空太空研究所等。德国国立研究机构之所以能够与高等院校和企业保持密切的联系，其中原因之一是受益于这种民间机构的组织形式。在韩国的国立研究机构中有一类称为“政府资助研究机构”。它们是根据 1973 年制定的《特定研究机构育成法》由政府创建的，但是以非营利财团法人的形式出现。它们完全是以满足国家战略产业的技术需求为出发点，开展定向性研究的。这些机构由政府无偿提供建设费和昂贵的设备费等非经常性开支。20 世纪 70 年代这些机构的工资和经常性运行费由它们自行筹措，80 年代以来它们的研究经费和经常性运行费开始大部分来自政府①。采取“政府资助”这一方式，是为了将政府的财务监察等干预减到最小限度，为研究所创造一个较为宽松自主的研究环境，使它们具有灵活适应外部需求的能力。韩国科学技术研究院、韩国原子能研究所、能源研究所等，均属这种管理模式。

政府创建，委托民间团体管理的这种管理模式主要是在美国的部分国家实验室实行。大部分由政府各部门直接管理，但有约 40 个分属于能源部、国防部、国家航空航天局、国家科学基金会及卫生和人类服务部的实验室，通常被称为联邦资助研究与发展中心。这些研究中心大部分是政府为某种特定的研究目标而建立的大型研究机构，它们的经费几乎全

---

① 王志刚.韩国国立科研机构的设置、任务和经费.全球科技经济瞭望，2004，（2）：16-17.

部来自主管部门。这些部门以合同形式将它们的行政管理分别委托给高等院校、企业和非营利机构管理。世界主要国立科研机构的依法创建和管理特点见表 7-1。

表 7-1 世界主要国立科研机构的依法创建和管理模式

依法创建		
特点	法律规定的主要内容	有关的法律
政府科研机构依法创建，法律地位明确，研究方向明确，经费有稳定的保证，其运营受政治、经济和社会变化的影响相对较小，可为其研究开发活动提供相对稳定的环境	世界许多国立科研机构都是严格依法创建和进行管理的，以此明确国立科研机构的法律地位。有些国家的法律规定了政府各部门及其所属研究机构的职权范围、职能、工作任务；有的明确规定了国立科研机构的法人资格、机构设置、资金来源、内部管理章程、领导职务的任免与任期、职员的权利与义务、机构的业务范围、财务管理、业务监督等	涉及的法律主要有机构法、授权法、各种专项法、政令等。 如美国的《国立卫生研究院法》、《国家标准技术研究院法》；日本的《理化学研究所法》《理化学研究所法施行规则》《关于理化学研究所财务及会计的总理府令》；法国和澳大利亚也有相应的法律法规
管理模式		
管理模式类型	特点	代表性国立科研机构
主管部门直接管理	多见于部门所属科研机构，其本身就是政府职能部门的一部分。主管部门对它们的管理基本上同其他职能部门一样	美国国立卫生研究院；英国的物理和工程研究理事会所属研究机构；澳大利亚的科学与工业组织
自主管理	多发生在大型综合性科研机构，这类科研机构由政府创办，在行政隶属关系上属政府有关部门管理，但在组织管理、人事和财政管理方面均享有相当大的自主权	德国马普学会、亥姆霍茨联合会;法国国家科研中心；日本、韩国的部分政府科研机构
委托管理	政府将其建立和资助的科研机构的行政管理权以合同形式委托给高校、企业或非营利机构	美国能源部、国家科学基金会的许多联邦实验室都采用此法管理

第四节 国立科研机构的改革趋势

纵观世界主要国家的科技体制与改革的调整，均涉及了对国家科技政策的主要执行者，即国立研究机构的改革。主要集中在以下几个方面。

一、积极推动体制和组织机制改革

通过重组强化跨学科领域的交叉研究机制，集中资源针对优先领域推进研究。例如，俄罗斯科学院针对新兴学科的发展，为解决疾病防治和人口健康等社会问题积极地将规模较小的下属科研机构合并到规模较大的科研机构中。

日本 RIKEN 转变为独立行政法人。这一改革，一方面使 RIKEN 的科研人员脱离公务员身份，达到削减公务员编制的目的；另一方面，通过实行“差别化”财政支持政策，采取第三方评价等评估手段，并推行将评估结果与资金交付相结合的竞争性政策，也有效地提高了科研经费的使用效率。

二、完善公共科研预算与财务管理体制

通过强化竞争性研究经费进一步提高政府研发资金的使用效率。例如，在研究和资助管理方面，美国 NIH 主要是通过评估当前机遇和公共卫生需要，制定科研预算，同时尽量支持由研究人员发起的研究。研究人员提出的资助申请由 NIH 组织外部的科学家组成的同行小组进行评估。同行评议小组对申请项目的科学价值进行评估，决定是否授予资助。

法国的 CNRS 在经费使用上，需要执行政府公共财物的审批机制，必须按预算计划专款专用，不得随意改变用途，每项开支无论金额大小都需事先批准和审核，由财会人员进行财务监督。

日本 RIKEN 按照日本政府颁布的《独立行政法人会计基准》，必须将每年度的借贷情况、盈亏情况及有关利润和亏损的具体处理方法等，形成规定格式的财务明细表上报主管部门；在呈送上述财务报表时，还必须将年度事业报告、决算报告和监事对决算报告的审核意见作为附件一并提交。此外，政府还根据有关法律和民间股份公司的惯例，聘请专门的财务机构对 RIKEN 实行定期审计。

三、强化对科研机构的评估监管

通过规范的国际性评估推进科学研究工作。例如，法国 CNRS 科学委员会每两年对科研中心直属或联合实验室进行一次评估，内容包括向实验室的创建、重组和撤销，研究单位的经费和人力资源需求，科研人员的招聘、晋升、科研成效等方面提出建议。每四年对项目进行总结评估。评估工作通常采取同行评议制，征求国内外同行专家的意见。评估过程通常是评估专家组首先审阅研究人员或研究单元提交的研究活动报告，然后进行实地考察和座谈会，随后专家组进行封闭讨论形成评估报告提交。

德国马普学会制定了一套高质量的评估程序。马普学会定期对所有研究机构进行绩效评估，每年都要召开 35 ～ 40 天的专家咨询委员会会议，参与研究所评估的专家咨询委员会由来自世界领先的大学和科研机构的外部专家组成，且定期轮换。

四、积极推进科研机构的技术转移工作

通过推进技术贸易及研究人员创业促使科研成果商业化。例如，为了把研究成果广泛地向社会推广，日本 RIKEN 积极进行把以专利权为代表的知识产权向产业界进行技术转移的努力。为了提高申请专利的效率，特别设置了专利联络员及旨在加强 RIKEN 专利实用化的与企业间联系的协调员，支持研究人员参与创建企业，公开专利信息、召开技术转移交流会等。

为了加强以专利使用许可和衍生公司为途径的知识技术转移，德国 FhG 理事会在 2011 年启动了试验性项目“Fraunhofer 4D”。前两个阶段将对产品创意进行系统鉴定并拟定下一步计划。第三阶段将对创意进行开发，直至产品成熟，第四阶段则是经营和销售。借助该项目，FhG 对那些适合衍生公司和专利使用许可的产品创意进行系统评价并用内部经费对其进行有针对性的资助，提高成功转化的机遇，使之走向市场。

第五节　国立科研机构的经验启示

发达国家国立科研机构改革与发展的经验，对我国进一步深化科技体制改革，加强基础性、战略性、前沿性科学研究的稳定支持具有重要启示意义。

一、国立科研机构的定位

纵观世界主要国家科技发展进程，无论是发达国家，还是发展中国家，国立科研机构在国家科技体制中都占有不可替代的地位，并发挥了不可替代的作用。它们的目标面向国家发展需求，面向世界科技前沿，从事有关国家整体利益和长远利益的基础研究、高技术研究、社会公益研究和重大科技活动，它们在承担国家任务、为政府科技职能服务、培养和凝聚创新人才、开展国际科技合作与交流，以及在激发科技创造力和支撑社会经济发展方面发挥了骨干和主力的作用。

国立科研机构都有明确定位，一般是聚焦在创新价值链的某一阶段，鲜有机构涵盖基础、应用、开发、产业化的全谱带。但从发展趋势来看，定位于基础研究的机构也在加强与经济社会的联系、推动成果的产业化；定位于应用开发的机构也在逐渐重视基础研究工作；围绕定位开展的学科交叉研究日益增多。

马普学会定位于基础研究，近年来成立了马普创新中心，推动成果产业化；法国

CNRS 通过收益分成激励科研人员将研究成果产业化。

日本 AIST 定位于应用开发研究，但是为了实现其定位，重视从基础研究到应用开发的全周期研究（Full Research）。随着新能源研究的兴起，美国能源部实验室的研究领域从核能领域拓宽到生物、环境、信息技术等更多学科领域。

值得注意的是，在国立科研机构重组过程中，都对机构的公共性特征进行了考虑。面对知识经济、经济全球化和科学技术迅猛发展的新形势和我国实施科教兴国战略的新要求，要充分认识国立科研机构的建设关系着国家长远发展和战略全局，加强以中国科学院为核心的我国国立科研机构的建设对提高国家科技创新能力、实现跨越式发展有极其重要的现实意义。

二、国立科研机构法制化的治理

发达国家的国立科研机构通过机构组织立法的形式确认其基本定位、任务、性质，以及政府的义务、权利、权限范围等①，为国立科研机构的发展提供了重要的法律地位。科研机构立法化管理，可以保证其不受外界太多干扰，可以按照科学创新规律稳定运行发展。发达国家国立科研机构的改革也是在健全的法律制度下进行。依据《俄罗斯科学院章、国家级科学院的重组及修订相关联邦法律条款》，2013 年俄罗斯科学院进行了系统改革。日本理化学研究所依据《独立行政法人通则法》，修订《独立法人理化学研究所法》，2015 年转为特定国家研究开发法人机构②。此次向“特定国立研究开发法人”转变意味着日本国立科研机构在法人地位、管理模式上将迎来新的变革。

各国国立科研机构的发展历史表明，明确的法律地位和稳定的经费支持使其发展受政治、经济和社会变化的影响相对较少，从而能够在相对稳定的环境中持续健康地发展。

我国推动科技体制改革已经取得丰硕成果和丰富经验，适时建立国立研究机构的制度框架，并逐步实现对国立科研机构的依法管理，加强探索与实施不同类型的间接国家管理的模式，在确保政府对国立研究机构长期、稳定的资助关系基础上，扩大研究机构和科技人员的自主权。

---

① 张志强，熊永兰，安培浚.科技发达国家国立科研机构过去二十年改革发展观察. 中国科学院院刊，2015，（4）：517-526.

② 日本综合科技创新会议. 成長戦略のための新たな研究開発法人制度について. http：//www8. cao. go.jp/cstp/siryo/haihu118/haihu-si118. html [2015-6-12].

三、国立科研机构的重组或新建

自20世纪80年代中期，自英国开始，各国对包括国立科研机构在内的公共部门进行了改革开始，这种改革的趋势延续至今。改革的主要原因包括：国立科研机构遵从的政府部门的僵硬的规章制度，导致了在研究方向、研究成果上对经济社会发展需求的回应缓慢；原有的人事制度限制了机构在招募人员等方面的自主权和人员的流动；经费主要来自政府的机构式拨款，助长了科研机构依赖政府的惰性。所有这些，导致了国立科研机构的效率不高。因此，很多国家对国立科研机构进行了改革，以促进科研机构的自主权、灵活性和研究人员的创造性，促进国立科研机构与大学、产业界的合作研究，提高可压缩内机构的效率和科技产出，包括论文、出版物、专利等的质量。改革的主要做法是对政府所属的科研机构进行重组和调整，减少甚至切断政府主管部门对科研机构的行政管理和干涉，但同时保持和加强政府对科研机构的经费资助。

从不同的具体改革措施上看，比较典型的如俄罗科学院2012年成为国家预算直接拨款机构，这就消除了中间环节（以往通过俄科教部拨款），获得了空前的财政自主权。科学院不仅和科教部、经济发展与贸易部及财政部一样为国家预算直接拨款单位，更重要的是，科学院还能够直接参与制定国家科学预算工作。科学院获得国家拨款后，可以自主分配给研究所①。日本2015年推行国立科研机构体制机制改革，决定从31家“国立研究开发法人”机构中遴选出日本理化学研究所、日本产业技术综合研究所及日本物质材料研究所作为特定国立研究开发法人机构，旨在进一步发挥杰出国立科研机构的战略力量，满足日本经济社会发展需求②。遴选条件包括：具有世界领先的科研水平；能够为社会发展做出贡献；具有多样性、高质量的人才；具备成果最大化的研发体制；能够推动研发成果的转移转化，与产业界开展广泛的合作。

总之，发达国家公共科研机构包括国立科研机构改革和重组、新建的目的就是要提高公共机构的效率。改革的趋势是通过重组，改变其和政府的关系，将政府直接管理转为间接管理，增强科研机构的独立性和自主性。

四、国立科研机构的决策机制

从宏观层面看，各个国家的国立科研机构大都采用了理事会制度，从根本上提高了科

---

① 中国社会科学院. 俄罗斯科学院拨款机制改革. http：//ru. china-embassy. org/chn/kjhz/elskjtx/t910547. htm［2014-8-4］.

② 第14回総合科学技術.イノベーション会議：特定国立研究開発法人（仮称）の対象法人候補について. 15页.http：//www8. cao. go. jp/cstp/siryo/haihui014/sanko2. pdf［2015-12-8］.

研部门的管理质量，值得借鉴。

发达国家的国立科研机构根据其定位和特点，建立由政府、行业、同行、用户等各利益相关方共同组成的理事会，对机构运行和管理的重大问题做出决策。理事会的职责主要包括确定科研方向、审议研究所科技政策、科研方向、组织结构、经费配置等问题。

由于各国政治制度、经济体制、社会历史，以及文化传统、道德观念的不同，呈现出不同的治理特点，各有优劣。因此，我们一定要从中国国情出发，借鉴国外科研管理方法，改变管理理念，提高整体管理水平，真正形成符合科技自身发展规律和市场要求的新型科技管理模式。

五、国立科研机构的专家咨询机制

国立科研机构根据科研管理的特点，设立不同层次的专家咨询机制，发挥专家在重大决策中的咨询作用。

马普学会实施高水平外部专家诊断评估。设立科学咨询委员会，每两年对研究所进行诊断评估，成员为高水平同行专家，97%以上来自马普学会之外，75%以上来自国外，任期一般为6年，可以续聘。

美国NIH利用领域专家委员会，针对19个主要专业领域，各设置外部专家组成的专家委员会，对所属研究机构和项目立项进行评议，提供咨询建议。

CNRS采用三层次专家咨询机制，科学委员会为理事会提供咨询，10个研究院科学委员会在研究院层面提供咨询，40个专业学科领域委员会和5个跨学科委员会在实验室层面提供咨询，并对中心直属或联合实验室和科研人员进行评估。各国科研机构建立咨询顾问机构、研究战略及科学家委员会等，由学术界和工商界著名人士组成，向理事长提供咨询和建议。

六、国立科研机构的业务管理

国立科研机构大体按学科或领域管理。此外，国立科研机构还通过瞄准国家重大需求和科技前沿，建立跨领域、跨机构的协同创新组织形式，以弥补单纯分类管理的不足。DOE组织实施能源领域的三类跨部门计划：能源创新中心将来自企业、大学、国家实验室、非营利机构的不同学科的科研人员集中在一起，缩短能源领域从技术到商业化的进程；能源前沿研究中心开展新能源技术领域的基础研究；能源先进研究计划重视高风险、高回报的突破性创新。澳大利亚科学与工业组织建立矩阵式管理机制，集中跨研究领域的人员和设备开展旗舰计划等。

各国科研机构通过组织结构、研究体系、人事制度等改革，推进大型研究基地的整合重组，构建科学研究与技术开发、多学科研究交叉融合的综合性研究实验基地。

七、国立科研机构的权责体系

国立科研机构重视对所属机构的合同管理，在总部的业务管理中明确决策、执行、评估的主体和职责，建立清晰的权责体系。

美国 DOE 科学局实验室的国有民营管理方式，根据《绩效与结果法案》(GPRA)，机构制定五年规划、年度计划及绩效指标；能源部与托管方签订合同，由托管方负责具体管理和研究工作，实验室向托管方和能源部汇报进展，提交年度报告。

CNRS 实施基于合同管理的管理体系，理事会负责确定中心的政策方向，并就重大事项进行决策，由科学事务总司负责业务管理，国家科学委员会负责对下属实验室的评估，国家对 CNRS 以及 CNRS 对下属实验室均采取合同管理。

在完善我国国家创新体系总体目标框架下，推动政府所属科研机构的管理模式改革，适时推动多种形式的政府资助国立科研机构管理模式和探索非常必要。

八、国立科研机构的人才培养

国际上高水平科研机构普遍面临着如何将高水平研究与高层次人才培养相结合的巨大需求，纷纷从本国实际出发，探索科教结合的模式。洛克菲勒大学注重在科学前沿研究工作中对博士研究生进行培养，博士生可自主选题；韩国先进科学技术研究院为学生提供跨领域的学术研究机会，本科学生即可拥有自己的研究课题，并自由选择课程；最近 DFG 前主席提议，马普学会应创建研究生大学。

作为国家战略性任务的主要承担者，国立科研机构拥有雄厚的科研力量、一流的科研设备和良好的科研环境，这也成为吸引和凝聚高级人才的优势力量。

九、国立科研机构的思想库建设

具有咨询功能的国立科研机构普遍建立了科学规范的咨询机制，以保证咨询的科学性、独立性、客观性。

美国国家科学院强调研究方法的科学性、严谨性和证据支撑，形成了选题、研究、发布的质量保障机制；日本产业综合技术研究所为日本的产业技术政策提供建议，参与国家相关产业规划的编制。

十、国立科研机构的资源配置

根据国立科研机构的使命定位，采取相应的资源配置方式，大致有四种形式：目标导向的机构配置模式，基础研究稳定配置模式，机构配置为主、项目竞争为辅的模式，应用导向的市场配置模式。

美国科研机构根据总统确定的国家目标，基于自身使命和定位提出一揽子研发方案，主管部门协调后形成对该机构的年度预算案，白宫管理和预算办公室审核，国会批准。马普学会为研究所提供稳定的研究经费支持，最大限度地保证科学家自由开展创造性研究。法国 CNRS 的经费 80% 左右由国家直接拨款，20% 左右来自项目竞争。弗劳恩霍夫协会通过经费配置机制，引导研究所将企业收入占研究所总收入的比例控制在 25% ～ 55%[①]。

科技发达国家政府对其国立科研机构的经费配置一直主要以稳定支持为主，竞争性经费比例较低，基本维持在 30% 以下。

十一、国立科研机构的组织模式和人事制度

国立科研机构根据任务需求，采取灵活的组织模式和人事制度。

日本 AIST 采取灵活、高度机动性的研究体制，研究单元分为研究中心、研究部门和研究室三个研究特性不同的单位，根据任务需求可以进行合并、调整。英国国家物理实验室改革后对科研、人事任免、对外承担项目等都增加了自主权，经费管理也更加灵活。澳大利亚科学与工业组织根据任务组织跨领域力量开展旗舰计划，五大研究领域的研究部门只负责平台、人员的事务管理，旗舰项目负责人组织跨领域的研究任务及考核评价；弗劳恩霍夫协会按照市场需求的原则组织和投入人力开展研究工作。随着科研机构自治水平的提高，大多国立科研机构都形成了各具特点的组织模式、人员体系、经费来源及管理框架等。

国立科研机构是国家创新体系的重要组成部分，它们与大学和企业构成了国家创新体系中相互联系、优势互补的重要单元（这些单元分工明晰，特色鲜明，功能互补，相互协同）。但这些单元并没有特别完全清晰的功能界限，特别是对于科技不够发达的国家来说，

---

① 胡智慧，王建芳，汪凌勇，等. 主要国家科研机构科技资源配置及政策分析.科技政策与发展战略，2012，（8）：1-31.

这一点显得更为明显，以至于这些单元的功能界线只是粗线条的且功能的重叠和空缺也在所难免。为此，在建设我国国家创新体系过程中，在充分发挥各单元作用的同时，要加强各部分的融合和合作，鼓励创新、竞争，从而形成开放的、动态的协调发展态势，把我国国家创新体系的建设推进到健康发展的轨道上。

（胡智慧 执笔）

附　　录

科研机构缩略语对照表

缩略语	中文名称
AERES	法国科研与高等教育评估署
AHRC	英国艺术和人文科学研究理事会
AIST	日本产业综合技术研究所
BBSRC	英国生物技术和生物科学研究理事会
CERN	欧洲核子研究中心
CNRS	法国国家科研中心
CoNRS	国家科学研究委员会
CSIRO	澳大利亚联邦科学与工程研究组织
DOE	美国能源部
EPSRC	英国工程与自然科学研究理事会
ESRC	英国经济与社会研究理事会
FhG	德国弗劳恩霍夫协会
HGF	德国亥姆霍兹联合会
Hubs	美国能源部能源创新中心
ICSU	国际科学理事会
KAIST	韩国高等科学技术院
MPI	德国马普学会
MRC	英国医学研究理事会
NAE	美国国家工程院
NAM	美国国家医学科学院
NAS	美国国家科学院
NERC	英国自然环境研究理事会
NIH	美国国立卫生研究院
NRC	美国国家研究理事会
RAS	俄罗斯科学院
RCUK	英国研究理事会
RIKEN	日本理化学研究所
STFC	英国科学技术设施研究理事会